全新知识大搜索

能源世界

李方正　主编

吉林出版集团股份有限公司

U0201007

前言

人类文明进化的历史，始终是伴随着能源利用领域的开拓，以及能源转换方式的发展而前进的。一次次新的能源转换方式的出现，犹如一级级人类进步的阶梯。今天我们运用已有的能源知识，研究能源，发展能源，其意义是十分深远的。

当今的能源可有如下的类型：

一次能源与二次能源

一次能源：是在自然界中现成存在的能源，也就是从自然界直接取得、不改变其基本形态的能源，如煤炭、石油、天然气、水力、核燃料、太阳能、生物质能、海洋能、风能、地热能等。世界各国的能源产量和消费量，一般均指一次能源来说的。

二次能源：是一次能源经过加工，转换成另一种形态的能源。主要有电力、焦炭、煤气、蒸汽、热水，以及汽油、煤油、柴油、重油等石油制品。一次能源无论经过几次转换所得到的另一种能源，都称为二次能源。

常规能源与新能源

常规能源：是在当前的利用条件和科技水平下，已被人们广泛使用，而且利用技术又比较成熟的能源，如煤炭、石油、天然气、水能、核裂变能，都称为常规能源。

新能源：是目前还没有被大规模使用，但已经开始或即将被人们推广利用的一次能源，如太阳能、风能、海洋能、沼气、氢能、地热、核聚变能等，都是新能源。

再生能源和非再生能源

再生能源：就是能够循环使用、不断得到补充的一次能源，如水能、太阳能、生物质能、风能、海洋热能、潮汐能。

非再生能源：是指经过开发使用之后，不能重复再生的自然能源，也就是在短期内无法恢复的一次能源，又叫不可更新能源或消耗性能源，如煤炭、石油、天然气、油页岩和核燃料铀、钍等。

能源的其他分类

燃料能源和非燃料能源：这是按使用情况的分类。燃料能源包括矿物燃料(如煤炭、石油、天然气等)、生物燃料(如木材、沼气、碳水化合物、蛋白质、脂肪、有机废物等)、化工燃料(如丙烷、甲醇、酒精、苯胺、火药等)、核燃料(如铀、钍、氘、氚等)。非燃料能源种类也很多，包括风能、水能、潮汐能、海流和波浪动能等。

含能体能源和过程性能源：这是从能源的储存和输送的性质考虑分类的。凡是包含着能量的物体，都叫做含能体能源，它们可以被人们直接储存和输送，各种燃料能源和地热能都是含能体能源。过程性能源是指在运动过程中产生能量的能源，它们无法被人们直接储存和输送，如风、流水、海流、潮汐、波浪等能源。

清洁能源和非清洁能源：这是从环境保护的角度，人们根据能源在使用中所产生的污染程度所作的分类。

商品能源和非商品能源：商品能源是指经流通环节大量消费的能源，主要有煤炭、石油、天然气、电力等。非商品能源是指不经流通环节而自产自用的能源，如农户自产自用的薪柴、秸秆，牧民自用的牲畜粪便等。

本书主要介绍能源的一些新知识、新进展，各种能源的现状和未来。

目录 MuLu

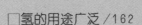

第一章　煤炭、石油和天然气

碳氢化石燃料包括煤炭、石油和天然气等。从世界范围看，碳氢化石燃料的应用已有悠久的历史了，但是它们真正挂帅是从19世纪末才开始的。其中煤炭占人类耗能的50%以上。直到20世纪50年代中期之后，石油和天然气才成为能源中的宠儿，并取代了煤炭。全球性地大规模使用石油，是从20世纪30年代开始的，而天然气的使用则始于20世纪60年代，而且发展得很快。

20世纪70年代中东战争，引发了世界能源危机。于是石油的增长速度开始下降。但由于工业发展的需要，原子能的利用开始加快，煤炭的增长速度开始回升，70年代末，由于发现和开发了几个陆地和海上的大油田，如英国的北海，美国的阿拉斯加，苏联的里海，石油产量又开始增长。

近10多年来，有些学者认为石油储量在短时期内就会出现枯竭，持不大乐观的态度。然而，从石油勘探的成果来看，为碳氢化石燃料敲响丧钟还为时过早。

1965年时，大家公认世界探明的石油总储量是490亿吨，而1971年这个数字上升为850亿吨。

1975年，由于对沉积岩的认识有了进一步的提高，大量的新油田相继发现，石油总储量又超过了1000亿吨。现在比较公认的估计数字总储量是在2700亿～3000亿吨。已探明的资源是880亿吨，能折合成1358亿吨标准煤；已探明天然气总资源量为90.54万亿立方米，折合1202亿吨标准煤。因此，普遍认为：石油尚能够开采34年，天然气能够开采47年。

不过，根据能量守恒定律，石油和天然气在地球上的蕴藏量只能一天天地减少，用一点少一点。

煤炭是个宝

002

　　煤是能源，燃烧时放出来的热量很高。1千克煤完全燃烧时释放出的热量，如果全部加以利用，可以使70千克冰冻的水烧到开始沸腾。在矿物燃料中只有石油和天然气比得过它。它的发热能力比木炭大0.5倍，比木柴高1～3倍。因此煤可以用来做燃料、做饭、取暖、发电（火力发电）。

　　在火力发电厂里，电是靠燃烧煤生产出来的：煤把锅炉里的水烧成蒸汽，蒸汽推动汽轮机，汽轮机带动发电机，发电机就发出电来。在这里，煤的热能变成为电能，供人们在生活和工业中利用。

　　炼铁事业的发展是同采煤事业的发展分不开的。过去，冶炼1吨生铁，往往需要400～600千克焦炭。而焦炭正是由煤炼成的。焦炭不仅是炼铁的燃料，而且也是炼铁的原料——还原剂。甚至生产铁合金、铸铁件、碳化物以及冶炼其他有色金属，也要直接或间接使用煤做燃料或原料。

此外，煤还是有机化工原料。近几十年来，随着社会生产和科学技术的进步，人们已经越来越多地注意到了煤在化工方面的用途。因为煤的分子是一些结构极其复杂的大分子，人们采取化学加工的方法，可以使煤的大分子分解，得到各种简单的化合物，再用这些简单的化合物作原料，就能生产出许多宝贵的东西，供人们生活和生产所需。

煤可以说浑身是宝，甚至连它燃烧时产生的废气，烧过后的煤灰、煤渣都有用处。烧煤时烟囱里冒出的黑烟，因含二氧化硫和烟尘，若飘浮在空中，会引起人们呼吸道和肺部疾病，损害人体健康。而今，把煤烟收集起来，生产优质硫酸，既避免有毒气体污染空气，又可以综合利用资源，增产节约，一举两得。

煤灰、煤渣加上其他一些材料，可制作成各种各样的建筑材料。有人统计，1万吨煤渣能够制造450万块煤渣砖，可用来建造2.5万平方米房屋。

综上所述，正如列宁所说的那样，从第一次工业革命到20世纪50年代以前（即大量采掘石油以前），"煤炭是工业的真正食粮，离开这个食粮，任何工业都将停顿。"

煤炭的利用历史

　　煤和石油是主要的常规能源。煤是几个世纪以来人类能源舞台上的主角。目前世界能源消耗结构大约为：煤约占27％，石油和天然气占65％，其他能源占8％。煤在能源家族中曾经独占鳌头。

　　煤是人类利用较早的自然资源之一，在矿物燃料中，煤炭的利用历史最早。煤炭成为小量的地区性的燃料，已有很悠久的历史了。早在2000多年前，我国战国时代编著的《山海经》一书，就写到了煤。汉、唐时代，已建立了手工业煤炭业，煤在冶炼金属方面也得到广泛应用。到公元13世纪，意大利旅游家马可·波罗来到中国时，发现人们用黑色的石头做燃料，他感到很奇怪、惊讶！他的游记中曾经提到当时中国应用一种"黑色的易燃物"。

　　我国古代称煤叫石涅、黑金、黑丹、石墨、石炭等。战国时期出版的《山海经》写道："女床之山，其阳多赤铜，其阴多石涅。""风雨之山，其上多白金，其下多石涅。"说明我国在2200多年前，就已经认识煤炭了。用煤当燃料的记载也很早，后汉书《地理志》上说："豫章（今江西境内）出石，可燃为薪，"可见煤已经走进人们的日常生活中了。

我国古代，对于煤的利用也是多种多样的，有用做燃料的，有用来写字的，也有用来绘画的。于是煤又得到了"石墨"的称号。南北朝以后，煤又被称为"石炭"。

1500年以前的一部古书《水经注》上有一段记载："屈茨（今新疆库车一带）北二百里有山，夜则火光，昼日但烟，人取此山石炭，冶此山铁。"这表明当时我国用煤炼铁的事业已经很发达了。到了隋唐采煤业发展起来了，从事采煤的人也增多了。

在欧洲，希腊人知道煤并称为"炭"，这就是现在"硬煤"一词的由来。英国早在1307年用煤烧制石灰，导致南怀克镇的大气污染，爱德华二世发出禁止用煤炭烧制石灰的禁令。到16世纪，由于木炭销路扩大，引起木炭危机，终于导致居民把煤炭作为一种燃料充分利用。

18世纪的后半叶，英国人瓦特发明了蒸汽机，从此煤替代了以前人们常用的木材，成为人类利用能源历史上的一次大的飞跃。从此，煤炭成为工农业生产的原动力。蒸汽机的发明，推动了资产阶级产业革命，使手工业生产迅速发展为机器大生产。这是继钻木取火之后，人类利用能源的又一次伟大变革。钻木取火使人类知道机械能可以转换成热能；而蒸汽机的出现，使人们实现了把热能转换成机械能的理想。

煤炭的形成和分布

　　煤是古代的植物，因为地壳运动而被埋在地下，在适宜的地质环境中，经过漫长的地质年代的演变而形成的，含碳（c）量一般为46%～97%，是重要的化石燃料和化工原料。

　　在距今3.5亿年到距今2.7亿年以前，地质时期为中生代的石炭纪、二叠纪，以至侏罗纪时期，全球气候温暖潮湿，特别是北半球，更是气候温和、多雨湿润，有利于植物的生长和繁殖。一片一片的大森林彼此相连，参天的芦木、鳞木，各种针叶树、阔叶树和其他树种，长年生长在湖沼、平原和丘陵地带，一些老龄树死亡倒地，与泥沙堆积在一起，时间长了，越堆越厚，这时地壳缓慢下降，森林继续保持着生命活力，倒树和泥沙则继续沉积。这样，经过数万年、数十万年的堆积和地壳运动，使得埋在地下的树木在与空气隔离的情况下，发生碳化，就形成含碳量很高的煤层了。

埋在地下的树木能变成煤，除与空气隔离，形成缺氧的还原条件以外，还经历了地壳运动，原来的沼泽、平地变成高山，地下的树木受到更多的压力，加上来自地下深处的熔岩的热量，使这些树木发生变质，由有机质的木质变成碳质，变成了又黑又硬的煤炭了。

人们根据煤的含碳量的多少，把煤分成泥煤、褐煤、烟煤和无烟煤。泥煤的含碳量大约有30％；褐煤的含碳量比泥煤高，在60％～77％；烟煤含碳量有80％，是我们经常使用的煤；无烟煤的含碳量高达90％，是最好的煤。

如果说，用1千克的无烟煤，可以烧开一壶水；用烟煤则要1.25千克；用褐煤要2.5千克；用泥煤则要3.3千克。含碳量越高的煤，燃烧时放出的热量越多。

就全球来说，世界煤炭资源大部分集中在北半球，主要集中在俄罗斯、美国和中国；南半球的产煤地很少，仅澳大利亚、博茨瓦纳和南非共和国具有较多的煤矿。

中国的煤炭储量是巨大的，处于世界第三位。中国煤炭主要集中于西部地区和华北地区，即新疆、内蒙和山西，此外，黑龙江、吉林、辽宁、安徽、四川也不少。主要聚煤期为石炭纪、二叠纪和侏罗纪。

煤的元素分析

　　科学上对煤要进行多种分析，其中有工业分析和元素分析。

　　煤的元素分析只是分析煤的一部分，即煤的有机质部分。分析结果发现，构成煤的有机质的主要元素有6种：碳、氢、氧、氮、硫、磷。

　　碳元素是煤炭中的主要元素。从褐煤、烟煤到无烟煤，碳元素的含量不断增多。褐煤的平均含碳量在70％左右；烟煤80％；无烟煤的有机质部分几乎全部由碳元素构成，含量高达90％以上，最高可达98％。这就是说，碳是组成煤中有机质的最重要的一种元素。

　　碳是能够燃烧的元素。燃烧1千克碳，能放出34兆焦的热量。无烟煤的含碳量最高，所以它的发热能力也最大。

　　氢就是氢气——一种无色、无味、无臭的气体。氢是最轻的一种气体。氢燃烧时其发热量比碳高4倍多。但是煤中氢的含量不多，一般不超过6%。含氢量最低的无烟煤，100千克有机质中只含有2千克左右的氢。

含氢量的多少影响煤的化工性能和用途，也影响煤的发热能力。有些烟煤的含碳量比无烟煤少，但是发热量却可能大于无烟煤，这就是因为烟煤里的含氢量高于无烟煤的缘故。

氧也是一种无色、无味的气体。一般物体的燃烧都离不开氧气，但氧本身却不能燃烧。氧同氢元素一样，从褐煤到无烟煤，氧元素的含量越来越少。褐煤的含氧量是15%～30%，烟煤是2%～18%，无烟煤只含有1%～2%。氧在燃烧时容易同别的元素结合在一起变成挥发性产物。因为褐煤、烟煤的含氧量远比无烟煤多，所以能够产生较多的挥发分。

氮元素也是无色无味的气体，不能燃烧，也不能助燃。煤中含氮量只有1%～2%，无烟煤的含氮量小于1%。

煤还含有硫和磷元素。不仅煤的有机质中含有硫和磷，就是煤的无机物中也含有硫和磷。在一般情况下，硫是淡黄色的固体，磷却可以分成白磷和红磷、黑磷几种。硫的含量为0.1%～10%；磷的含量只有百分之零点几，一般不超过1%。但是，硫和磷的危害却相当大。燃烧煤时，煤里的硫会变成二氧化硫气体释放出来，污染大气，腐蚀锅炉，损害人体健康和农牧业生产。现代技术就是要除硫，并使含硫烟气用来生产优质硫酸，以达到除害兴利的目的。

煤的工业分析

　　煤炭在工业应用中的价值，取决于它的物质组成，改进煤的使用技术，也必须依据煤的性质而定。

　　煤的工业分析包括测定煤中的水分、灰分、挥发分、硫分、发热量、非挥发分——焦渣、黏结性等。

　　水分：在所有煤炭中都或多或少含有水分。煤中水分的来源有两种：一是在开采、运输、储存、洗煤时，润湿在煤表面和大毛细孔中的水分；另一种是内在水分。一般来说，褐煤含水最多，烟煤次之，无烟煤最少。煤含水多了会影响发热量，褐煤的发热量比较低，其中同水分多有一定关系。

　　灰分：这就是煤中不能燃烧的固体矿物质，燃烧煤时可燃部分烧尽后残剩下来的煤灰，就是灰分了。煤里灰分的含量，少的只有5%，多的可达45%。灰分越高，煤质越差。去掉水分以后，如果灰分含量超过40%～50%，那就不能算作是煤，而是一种炭质岩石。

挥发分：去掉水分后的干煤，放进密闭的容器里加热，煤就要发生分解，一部分有机体就变成气体，这就是煤中的挥发分，如氢、氧、氮、甲烷、乙烷、乙炔、一氧化碳、二氧化碳、硫化氢等。褐煤的挥发分最多，一般在45%～55%，烟煤有10%～50%，无烟煤为8%以内，通常在1%～2%。挥发分是鉴定煤质好坏的重要成分之一，也是一种贵重的产品，挥发分的实出率是确定煤的应用方向和工业分类的指标之一。

焦渣：当挥发分从煤中逸出后，残留下来的固体物质就称焦渣（焦炭）。它包括煤中不挥发的有机物质和煤中的全部灰分。如果除去灰分就称为无灰分焦炭。不同种类煤的焦炭，具有不同的性质，如不黏结的煤，焦炭为粉末状；有黏结性的煤，焦渣呈黏结状；如果煤中挥发分比较多，就可形成多孔焦渣，可用于冶金工业上。

煤的发热量：就是单位重量的煤，完全燃烧后所放出来的全部热量，单位为千克／大卡。煤的发热量大小，主要决定于煤中碳、氢、氧元素的含量多少。这些元素在各种煤中的含量是不尽相同的，所以各种煤的发热量也不一样。从褐煤到烟煤的发热量是增加的，这是因为碳的含量增加，而氧的含量减少的缘故；烟煤到无烟煤，其发热量是减少的，因为无烟煤的变质程度高，虽然含炭量高，但含甲烷、氢的量比烟煤少，氢燃烧时的发热量等于炭的4倍，所以烟煤的发热量比无烟煤高。发热量的大小对于动力用煤有着重要意义。

硫：硫是煤中的有害物质，燃烧煤时，硫形成气体逸出，是一种污染气体。

煤成气

　　煤和煤系地层形成过程中产生的天然气，称为煤成气，俗称瓦斯。这是一种高效、优质、清洁、无污染的理想民用燃料和化工原料。其成分是以甲烷为主的干气，重烃含量很少。1立方米煤成气产生约35.5兆焦热量，比1千克标准煤的热量还高。

　　煤成气是腐殖质在煤化变质过程中热分解的产物，随着煤化变质程度的增高，释放出来的气量也随之增加。如1吨褐煤形成时产生38～68立方米煤成气，形成1吨高变质的无烟煤时能产生346～422立方米煤成气。煤化过程中形成的大量煤成气，大部分散逸在大气中。一部分以煤层本身为储气层，以吸附或游离状态赋存于煤层的孔隙、裂隙、缝隙中，称为煤层气。这种气一般储量较小。每吨煤吸附的瓦斯量的多少，取决于煤的种类、温度、压力、裂隙度、埋藏深度、有无露头和相邻地层的渗透性等因素。另一部分煤成气则在适当的地质条件下，运移到其他地层，如砂岩、石灰岩中储存，在"生、储、盖"适合的条件下，便聚集成气藏。这种煤成气储量都较大，往往形成有工业价值的气田。

所谓生，是指要有聚煤的地质环境和大量腐质有机质聚集，有使煤变质生成气的物理、化学条件；储，是指要有一定的地质构造为运移来的煤成气提供储集场所；盖，是指气层上部要有良好的盖层覆盖，把煤成气圈闭起来。盖层以蒸发岩最好，泥质岩次之，盖层厚度越大，分布越广，形成的气田就越多，越大。

据统计，全世界已探明的天然气储量和大气田绝大多数为煤成气类型，且特大气田的前5名都为煤成气形成。如苏联20世纪60年代发现的西西伯利亚特大型气田，可采储量达到18万亿立方米，占苏联天然气可采储量的70%，占世界天然气可采储量的22.7%，使苏联20世纪80年代的天然气储量和产量比20世纪50年代中后期猛增数十倍。又如荷兰东北部格罗宁根大气田，生气母岩就是上石炭纪含煤地层，目前已探明天然气储量超过2.2万亿立方米。该气田发现后，使荷兰天然气产量增加486倍，从能源进口国一跃而为出口国。因煤成气田储量大，吸引着人们在有煤和煤系地层地区寻找天然气田。

目前，各工业国家在采煤的同时，都将抽放的瓦斯用管道输送出来加以利用，每年抽放量超过35亿立方米。其中俄罗斯12.3亿立方米，德国6.9亿立方米，美国5亿立方米，日本2.8亿立方米，中国3亿立方米。以生产1吨煤瓦斯抽放量计，日本15.2立方米，法国7.4立方米，德国5.7立方米，中国0.5立方米。

煤的能源地位

　　在第一次世界大战前，煤曾居世界能源利用的首位。后来，由于石油和天然气开采量不断上升，煤炭在能源中的地位开始下降，随着20世纪60年代，中东地区石油的大量开发，于1967年退居于第二位。但是，由于受到20世纪70年代初和1979年两个能源危机的影响，许多国家为减少对石油的依赖，再次引起对煤炭的注意，力求增加煤炭的开采利用。预计在今后相当一段时间内，煤炭作为主要的能源，地位还将进一步加强。

　　煤炭作为主要能源的原因之一，是它的储量相当丰富。据估计，地下埋藏的化石燃料约90%是煤，世界煤炭的总储量约为10.8万亿吨，有的认为有16万亿～20万亿吨，甚至认为地质储量可达30万亿吨。按当前的消耗水平，可用3000年以上；其中在经济上合算并且用现有技术设备即可开采的储量约6370亿吨，按目前世界煤年产量26亿吨计算，大约可以开采 245 年。

世界著名地质学家叶连俊教授的研究成果，于 1980 年以"地壳能源的形成及其远景"为题公布于世，这是世界地壳能源的最新资料（见表）：

世界地壳能源储量、消耗、寿命情况估计表

能源名称	可采储量（亿吨标准煤）	消耗量占世界能源总消耗量的百分比（%）	储量寿命（年）	潜在储量寿命（年）
石 油	316	45	不超过 25～40	—
天然气	495	19	2010 年将消耗现有储量 75%	—
煤	101 260	25	不超过 30～190	150～250
铀	0.021 1(u)	3	2010 年将消耗现有储量 87%	—
油页岩及沥青沙	—	—	不超过 30～48	110～200
水 力	—	7	—	—

从这个表中不难看出，在石化燃料中煤的可采储量、储量寿命和潜在储量寿命，都远远大于其他化石燃料，这是决定煤的能源地位的最主要因素；虽然当前石油能源已跃居世界首位，但储量比煤少。据统计，世界石油储量为 5500 亿～6700 亿桶（1 桶＝158.987 升），仅可供应 25～40 年用，所以从远景上看，石油是亚于煤的。煤在世界区域分布较广泛，不像石油那么集中，为世界广泛使用煤提供了方便。

世界煤炭资源的潜力

016

　　世界煤炭资源十分丰富。据世界能源会议的估计，全世界的煤炭资源有把握的推测数量约为10×10^{12}吨煤当量（国际通用能源计量单位），如此巨大的蕴藏，其能量相当于世界已知石油储量的25倍，按照1978年世界煤炭产量3×10^9煤当量计算，该储量可满足人类几千年的需要。

　　世界煤炭资源的储量，包括已探明的储量和可能增加的储量两部分。煤储量的标准是什么呢？一般是指煤矿的深度，硬煤以1500米为限，褐煤以600米为限；煤层最低的厚度，硬煤为0.6米，褐煤为2米。据世界能源会议估计，煤储量总数为107 000亿吨，其中硬煤为82 180亿吨，褐煤为25 430亿吨。

　　由于煤炭资源丰富，其储量可供开采的年限在100年甚至200年以上。因此在石油涨价冲击引起的"能源危机"以后，无论是世界能源会议

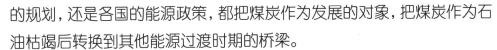

的规划，还是各国的能源政策，都把煤炭作为发展的对象，把煤炭作为石油枯竭后转换到其他能源过渡时期的桥梁。

然而，有了巨大的储量，是否都能被开采出来加以利用呢？我们知道，现有的煤炭储量可供利用的条件包括：煤层的厚度、煤炭的质量、深井采掘的煤层深度、地质结构，以及可供露天开采的深度和煤层负荷的形式。

开采煤矿，需要一定的基本设施，其中的关键包括环境保护问题和水源的可利用性，不但要提供煤炭的清洁和采掘过程的需要，还须考虑煤炭的运输。与石油、天然气等相比较，煤存在开采难度大，能量利用效率不高，运输不便，直接燃烧会污染环境等缺点。

可以预测，在不久的将来，煤炭将成为动力和有机原料的主要来源，并且成为生产天然气和石油的原料。在现代能源问题上，煤将顶替石油和天然气的地位。作为一次能源的煤炭产量将继续增加。对此，现代的采煤技术是不能满足人们对煤产量的要求的。

当前世界上的能源正在进入一个过渡时期，即由煤和石油等不能再生的化石能源时期过渡到可以再生的能源时期，需要一个漫长的时间，数十年或上百年。在此期间的主要能源还是煤，因为世界上煤炭储量比石油和天然气要丰富得多。所以，科学家们乐观地估计，煤炭将成为第二个大发展的"黄金时代"，或者说"煤炭将再次夺冠"。

煤炭的未来

　　由于煤炭资源的庞大储量，它的未来，它的前景可以说是无量的。从开采规模来说，煤的全盛时期还没有到来；从资源的蕴藏量来说，煤有可能在今后一段时间内重新取代石油，夺回能源第一位的地位。不过，煤炭的储量再大也是有限度的，若干年后煤炭也是会采完的。

　　可以预测，世界各国都将继续加大煤炭地质勘探的力度，加强各地质成煤时期的地质环境的研究，目前在增大煤炭地质储量方面，中国是一马当先的，据最近报道，在中国的西部地区（如新疆、内蒙），相继找到了数百亿吨的大型煤产地。也可以预期，在中国广大的地区内的成煤期，还有不少的煤炭资源尚未勘察出来，今后，只要有投入，就一定会有回报。

　　随着科学技术的蓬勃发展，技术上的成熟，经济上的切实可行，煤的汽化和液化方法将日益增多，如硫化床燃烧，制造无硫燃烧，发动机用的液体燃料，天然气的代用品煤气（直到20世纪30年代后才相当广泛地用煤生产人工煤气即水煤气或发生炉煤气，这种合成煤实际上是当时唯一的生活用煤气）。

煤用做化学工业原料的作用将越来越大。利用石油化工采用的气体与液体产品的加工方法，从煤中提取化工原料。将来，煤炭不仅是生产石油和天然气的原料，更是动力和有机原料的主要来源。周恩来总理曾经说过，煤直接烧掉了，是一种极大的浪费。这是因为煤炭全身都是宝。根据推测，在今后40～50年内，在世界能源供求中，煤炭所占的比例在30%左右。目前世界煤炭产量大约是 5.8×10^9 吨煤当量，等到2020年将达到 9×10^9 吨煤当量，这是一个相当巨大的数字。

煤炭产量这样大幅度增长，必然会采用新的煤炭开采技术，如井下开采技术、运输问题，不改进这些技术是不可能做到煤炭产量的增长的。同时还必须解决煤炭开采过程中的环境问题，燃烧过程中的环境污染问题。

未来的煤炭不仅是能源（燃料），更重要的将是化工原料，是有机合成化学工业珍贵的"原料仓库"，用它来制造千百种化工产品的原料，可制成200多种合成染料，各种各样不同香味的香料、合成橡胶、各种塑料、合成纤维和许多农药、化肥、洗涤剂等，还有沥青、溶剂、油漆、糖精、萘丸……难怪有人称誉煤炭是"万能的原料"，煤炭炼成焦炭后，还是制造煤气、电极、合成氨、电石的原料。

石油

石油是一种液态的矿物资源，它的可燃性能好，单位热值比煤高一倍，还具有比煤清洁、运输方便等优点。石油现在不仅是世界工业发达国家的主要能源，而且是重要工业原料、军用物资、日常生活的必需品。

石油是由碳氢化合物的混合物组成。其化学成分主要由碳、氢、氧、氮、硫等组成。其中碳和氢占了98%以上（碳（C）占84%～86%，氢（H_2）占12%～14%）。碳和氢不是呈自然元素存在，而是组成各种碳氢化合物。即烷族（C_nH_{2n+2}），环族（C_nH_{2n}）和芳香族（C_nH_{2n-6}）组成。

石油的颜色和它的成分有关。从油井中吸取出来，未经提炼的石油（称为原油），通常是不透明的暗褐色或黑色，但也可能是透明的红色、黄色，甚至是白色（巴库油田所产的原油，有的呈白色），并且有的还带有蓝色或绿色的闪光，从石油的颜色可以看出它的品质好坏。颜色越深，残渣越多；颜色越浅，残渣越少。

石油的比重都比水轻，一般在0.75～1，按石油比重的大小，将石油区分为很轻的石油（比重0.7～0.8），轻石油（比重0.8～0.9），重石油（比重0.9～1）。比重越小的石油价值越高，色深的黏度大的石油，比重则大。

石油是黏稠性的，不同油田的石油黏度变化很大，比重大而温度低的石油黏度较大，而黏度的大小影响油管内输油的速度。大庆油田的石油黏度就大。

石油大多数聚积在砂岩、粗砂岩和砾岩中，富于裂隙的石灰岩里，也是石油聚积的好场所，这种聚积石油的岩层，叫做"聚油层"。

含油地层如果受到某种压力的作用，就会断裂，或向上弯曲，或向下弯曲，形成"褶曲"。向上弯曲的叫"背斜"，向下凹陷的叫"向斜"。当含油层的顶板和底板都是不透水层时，由于石油比水轻，就向含油层的顶部移动，就这样，含油层的最顶部即为天然气富集区，下面即是石油富集区，而形成油气田。

人们从油气田里将石油开采出来，这就是天然石油（原油）。由于原油中碳氢化合物（化学简称为烃）是混在一起的，不能直接使用，所以要进行各种加工。基本的加工方法，有直接蒸馏方法和多种裂化方法（催化裂化、热裂化），使大分子烃裂成为小分子的烃，变成汽油和柴油，同时还可以得到一部分化工原料，例如家庭里做燃料用的液化石油气，是一种新型的气体燃料，是石油开发和炼制过程中的副产品。

中国大庆油田开采出的原油，是一种含硫低，含蜡高的优质原油，可以炼制出许多高质量的石油产品，有汽车用的汽油，点灯用的煤油，以及拖拉机用的柴油，喷气式飞机用的特种油，各种发动机用的润滑油，还有石油焦等，此外，还生产石蜡和乙烯等。

石油发展史略

022

　　中国是最早利用石油的国家。《汉书》记载，东汉时就开始利用石油点灯做饭。北宋时的科学家沈括在《梦溪笔谈》中也记叙了当时利用石油的情况。明朝正德年间，中国四川钻成了第一口油井，比外国钻井采油早了300年。

　　距今100多年前，石油首先开始在东欧和北美，以商业规模开采。1870年在里海两岸，安装了第一台蒸汽钻机。这一新事物显示了工业部门走向繁荣的开始。在前30年中，工业以每5年翻一番的速度发展。随着石油开采量的需求增长，也开始探明大型石油产地的工作，特别是中东地区，如伊朗、伊拉克、沙特阿拉伯、科威特和阿联酋等新型石油国家的崛起。到20世纪中后期，石油开采量已达到每年28亿吨。目前石油的主要产地是中东、北非、西非、亚洲、南美和中美、大洋洲、阿拉斯加、北美、俄罗斯以及中国。

自1859年在美国首次开发石油之后，石油工业获得迅速发展，石油产量年有增加，在世界能源市场的份额也不断上升。石油开始只用做电灯照明，后来扩展到用做汽车和飞机的动力资源，并取代煤炭用做发电生产。20世纪60年代，又扩展为迅速发展起来的石油化学工业的原料。在1900~1970年间，世界石油的产量增长率近于7%，即大概每隔10年增长1倍，即在70年间翻了7番。

由于石油价格长期低于煤炭（因为相对来说石油便于开采，便于运输），一些工业国家如西欧和日本，纷纷把煤炭发电改用石油发电。据联合国统计，全世界石油在能源消费结构中，从20世纪60年代起，上升了45%，使多数工业发达国家的大部分能源消费，必须依赖进口大量石油。石油在能源消费构成中的份额，西欧占60%，日本超过75%，使石油消费的年增长率高达8%，结果，煤炭在能源消费结构中，从52%下降到32%，大大落后于石油了。从而在20世纪60年代中期，世界能源消费构成从煤炭为主，转为以石油为主的石油时代。

进入20世纪70年代，由于能源危机的刺激，世界石油勘探的规模增大了，范围更广泛了，技术手段更先进了，到1978年，世界石油探明储量增长到880亿吨，比1970年增长了22%，这时大批海底石油被发现，探明储量已达250亿吨，占世界石油探明储量的1/4以上。

石油资源

　　石油资源，通常可分为两种，即一般石油资源和特殊石油资源。

　　一般石油资源是指那些在现有技术、经济条件下能够开采的原油。在技术条件方面目前是指在大陆和不超过200米深的海洋中可采的全部石油。据估计一般石油的储量，目前勘探成果为约2400亿吨，其中42％位于近东和北非，其次24％在俄罗斯、东欧国家和中国。在一般石油资源中，大陆与海洋石油资源各占60％和40％ 。

　　特殊石油资源是指勘探和开发这种石油资源需要新的技术，而这种新技术目前还处于发展阶段，不宜采用。特殊石油资源包括：深海产油区、北极地带产油区、重油产油区、含沥青二砂、油页岩、用煤做燃料的人造石油、生物人造石油。目前，开采特殊石油资源的研究工作已在一些国家和地区展开了，而且收到了可喜的效果。

油页岩和沥青砂，是富含有机化合物的页岩和砂，是极具潜在力的石油资源。然而，这些碳氢化合物不能用常规的方法开采出来，因为它们呈现黏稠的半固态。可用蒸馏法从油页岩中提炼出石油，从沥青砂中提炼重沥青。

　　少量的油页岩和沥青砂，可在地表及其附近出露，因而可用露天开采方法，然后再把原料运往加工厂。目前只以小规模加工沥青砂和油页岩。

　　第一批以工业规模由沥青砂开采石油资源，始于 1967 年加拿大的亚大巴斯喀。阿尔巴尼亚、中国、俄罗斯、罗马尼亚、特立尼达和委内瑞拉也进行了沥青砂加工。

　　中国产油页岩的著名产地有广东的茂县、辽宁的抚顺和吉林的桦甸等。含油可在3％～14％。据估计，目前全世界油页岩中的石油储量为4000亿吨，借助于现代技术，从中可采出300亿吨；沥青砂中的石油资源和重油资源大约有3300万吨，其中有150亿～300亿吨蕴藏在地表。沥青砂主要分布在委内瑞拉的俄利诺科河，加拿大的亚大巴斯喀，俄罗斯的奥列涅可河，加拿大的克得一列克。

　　据目前所知，一般石油资源主要集中分布在以下地区：中东波斯湾地区，储量约占全世界总储量的57％；欧洲，约占世界总储量的1/6；拉丁美洲和北美洲，约占世界总储量的1/7；非洲，约占世界总储量的1/9；亚洲及太平洋地区，约占世界总储量的1/16。

石油危机

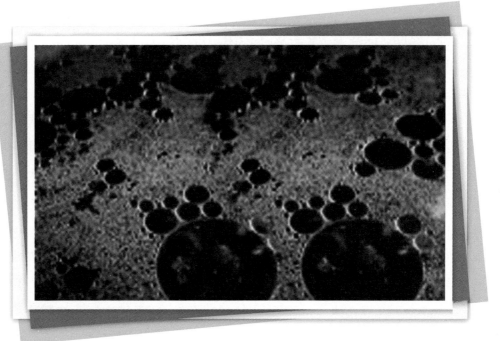

　　造成全世界石油危机的原因是多方面的，但直接导火索是1973年以色列发动侵略战争，激起了阿拉伯国家的义愤。他们以石油做武器，实行禁运，采取减产和提价的措施，这一行动立即扩大为整个石油输出国组织的一致行动。由此，导致1973～1974年石油价格提高3倍，油价猛涨，影响了石油进口国的经济，西方经济学家称之为"能源危机"。

　　此后，1978年伊朗革命，中断了一部分石油出口。1979年4月，当时美国的汽油供不应求，掀起了以美国开始并迅速扩展到世界市场的石油抢购风潮，导致1979～1980年间世界石油价格又上涨一倍多，西方经济学家称这次石油涨价为"第二次能源危机"。

　　两次能源危机加深了西方国家的周期性经济危机，尤其加重了第三世界石油进口国的财政困难。但是，对于这两次石油危机的看法是不一致的，有的学者认为，不一定是有弊而无利的。日本东京大学名誉教授藤井清光在《原油价格下降时日本应考虑的石油政策》一文中，论证了"石油危机"的功绩：防止了石油的早期枯竭，因为高油价减少了世界石油品消费量，从而可以延长石油的寿命；促进了石油的开发，油价高了促使自然条件恶劣的地区特别是海上油田的开发成为可能；促进了替代能源的开发；促进了节约能源的可能；认识了能源的重要性。

因此，所谓"石油危机"，绝不是什么世界的石油资源即将枯竭，问题的实质在于：如果不从那时起做出重大努力，节约能源以及研究开发其他各种能源，那么就会遇到能源短缺的重大问题。

但是，石油消费的增长，石油是否存在危机，终究取决于石油的资源（即储量），据联合国对能源储量研究的报导，目前世界石油的储量已开采了89％，天然气储量已开采87％，而煤炭储量只开采3％，这是值得重视的数字。

近二十年以来，有些学者认为石油储量在短时间内就会出现枯竭，产生石油资源危机。然而，从石油勘探的成果来看，为石油和天然气等碳氢化石燃料敲响丧钟还为时过早。普遍认为：石油尚能开采34年。若有新的发现，其寿命还将会延长。

石油的蕴藏量

　　从20世纪50年代以来，人们无忧无虑地享受着石油带来的好处，特别在一些发达的资本主义国家里，能源浪费十分惊人。可是曾几何时，20世纪70年代就出现了能源危机，人们不禁问道：世界石油资源无穷尽地开采能持续多久？地球上究竟有多少石油？

　　据美国地质调查局的统计和预测，到目前为止，全世界累计采出原油640亿吨，已探明的剩余可采储量约1030亿吨。用概率法估算未被发现的可采储量为460亿～2020亿吨，中值为790亿吨。世界最终潜在采油量可达到2460亿吨，在2030年以前，可满足目前原油开采速度的需要。

　　据统计，全世界已采出天然气37.18万亿立方米，已探明的剩余天然气储量约为90.36万亿立方米，远景储量预测为143.88万亿立方米。世界天然气总资源量约为271万亿立方米。按目前消费量计算，已探明储量可维持到 2040 年，总资源量可维持到 2131 年，比原油资源的情况为好。

一般说来，地层中的石油和天然气的蕴藏量不可能十分准确地估算出来，因为地质勘探投资很大，而且通常要在找到油气田并开采 30 年后才开始获利。正因为这种长线工程收效甚慢，全球石油和天然气储量将永远只是概数。

有些能源专家指出，由于石油开采技术的发展，还可以增加石油供应量。石油储量的可采率一般为 25％。后来，人们通过把水或天然气注入油层，保持油层的压力，使石油储量的可采率提高到 32％。这叫做二次回收技术。此外，还有一种叫三次回收技术，即把蒸汽或化学药品注入油层，减少石油的黏性，使之易于流出，提高可采率。这种技术适用于带黏性油田。

在个别情况下，可采率达到 80％以上。这种技术由于花费太大而目前没有被广泛使用。

目前，全世界已查明非再生能源的总储量为 650×10^9 石油当量（石油当量 ＝10 500 兆卡）。但有人认为，已查明的储量为全球最终总储量的 1/14，占可开采总储量的 1/7。其中煤占 460×10^9 石油当量，占已查明非再生能源总储量的 70％，今天它担负着耗能总量的 25％，而石油连同油页岩和油沙一起才占 20％，却供应着能耗的 39％，这样怎能不会比煤炭更早地枯竭呢？

大陆架的石油多

030

　　20世纪60年代以前,世界油气资源的勘探和开采活动大部是在陆地上进行的,海域的勘探活动仅限于美国墨西哥湾和中东地区的波斯湾等几个有限海区,不大引人注目。但经过20世纪60年代末至70年代初出现的第一次海域找油热潮,特别是从1979年至今仍在继续的第二次热潮,近年油气开发有了很大的进展,世界油气勘探的重点已开始逐渐从陆地转向海洋。

　　广阔的海洋,按照海水的深浅,可分为大陆架(即近海区,水深为200米以内)、大陆斜坡(水深为200~2000米)和大洋区(水深为2000~6000米)。近海区指大陆上的第三级阶梯继续向海面以下延伸的浅海区,即在地图上用浅蓝色标出的地区。该区水浅,又是海浪、潮汐、海流活动频繁的地带,空气比较充足,水温较高,而且上下水温相差不大,阳光能够穿透整个水层，再加上又有从陆上江河带来的大量养料，因此，成为海生生物繁殖的地区，是海底最繁华的世界。据统计，浅海区的生物总量为深海生物总量的15倍，大量的有机质被江河从大陆上带来的泥沙快速掩埋起来，为石油的储存准备了仓库，这就是石油和天然气资源多蕴藏在近海域的原因。

世界大陆架区面积约2800万平方千米，近海含油气盆地约1600万平方千米，其中有开发远景的面积达500多万平方千米。估计蕴藏量达1300亿~1500亿吨，约占世界石油地质总储量的2/5，而目前探明储量仅270多亿吨（占世界石油探明储量957亿吨的1/3）。天然气蕴藏量为140万亿立方米，探明储量约96万亿立方米。现已发现820多个海洋油气盆地，共计有1600多个油气田。近20多年来，全世界发现的新油气田有60%~70%是近海域，其中大部分在陆架区。

海上石油产量从20世纪70年代的3.8亿吨，到80年代增至7.24亿吨，在世界石油总产量中的比重由20%增至25%左右，到90年代初海上累计采油近100亿吨，其中约65%是20世纪70年代以来采出的。据统计，可采储量大于10亿吨的特大型海洋油田有10个，产量最高的海上油田是波斯湾内沙特阿拉伯的萨法尼油田，日产达到150万桶。由于海上油田的开发，使世界石油每年总产量增加到目前的28亿~30亿吨。

石油的新用途

　　从油田和矿区开采出来的原油被送运到炼化厂，由炼化厂加工成为人们需要的能源产品。在整个石油炼制过程中，一次加工、二次加工的主要目的是生产燃料油品，三次加工则是生产化工产品。由于加工石油所需求的产品结构不同，一般把炼油厂分为燃料型、燃料－润滑油型和燃料化工型。

　　石油工业是随着汽车工业发展起来的。20世纪30年代以前，石油工业的任务主要是从石油中尽量提取汽油、柴油及润滑油等产品，为内燃机提供燃料油。现在人们用汽油、柴油开动汽车、轮船、火车和拖拉机等，已经习以为常了。

　　作为燃料的石油，是一种高效能的优质能源。它的可燃性好，而且发热量高，1千克石油燃烧可以产生约42兆焦的热量，而1千克煤燃烧只产生17～23兆焦热量，1千克木柴燃烧仅能产生8～10兆焦热量，即石油的发热量比煤高1～1.5倍，比木柴高3～4倍。同时石油燃烧时烟尘少，无尘烬，对环境的污染也少。

然而，石油直接做燃料使用是不经济、不合理的。从发热值观点看，2吨煤炭等于1吨石油。要经济合理地利用能源，应尽量用煤炭代替石油，而不应用石油代替煤炭。更主要的是，石油作为产业的面包、文明的血液，是一种非常宝贵的矿产品。

我们知道，从井下开采出来的石油（原油）是各种碳氢化合物的复杂混合物。因为不同的碳氢化合物的沸点不同，所以可以经"分馏"，长链的碳氢化合物还可通过"裂化"变成较小的分子，这样就可以制成各种各样的石油化工产品。

利用石油可以制造出很多有机化合物，如药品、染料、炸药、杀虫剂、塑料、洗涤剂及人造纤维。英国工业用的有机化合物，80％来自石油化工。由于裂化过程中所产生的乙烯容易与其他化学物品化合，因此可用来制出大量石油化工产品。裂化过程中还有丙烯、丁烯、石蜡和芳香剂等其他主要产品，由这些产品又可制出数以百计的石油产品。

随着科学技术的发展，碳氢化合物通过微生物的作用，还可以制造人造食用蛋白，它不仅可以做有机化学工业原料，而且还可以用做无机化学工业原料。

中国是石油的故乡

034

　　石油，在当今世界已是举世瞩目的工业能源。不难设想，这个世界如果没有石油，将会变成什么样子。然而很少有人知道，石油的故乡就在中国。

　　追根溯源，石油是由中国北宋科学家沈括（1031－1095）最早提出并命名的。现在国际通用的"石油"一词，其英文名称是rockoil，就是根据"石油"二字的汉字字义直译过来的。rock是"岩石"的意思，oil是"油"的意思。由中文名称译成外文专用名词，这在世界翻译史上并不多见。

　　其实在中国，对石油的认识还可上溯到比沈括更早的商周时期。被列为儒家经典之一的《周易》一书，就有"泽中有火"，"火在水上"的记载。据现代考证，当时在湖泊（即"泽"或"水"）上燃烧的就是石油。

　　战国时期的《华阳国志》，及秦汉时期的《蜀都赋》，也都载有类似的记述：四川"有火井，夜时光映上昭，以家火投之，顷许如雷声，火焰出，通耀数十里"。现在看来，这里描绘的，当是天然油气井了。

北宋元丰三年（公元1080年）冬，朔风呼啸，冰封雪飘，陕北大地到处是一片白茫茫的严冬景象。延安州知府沈括为了防御西夏的入侵，正在陕北边境各地巡视。他忽然看到，在这寒冷的季节里，当地人住的圆帐篷顶上，冒出股股黑烟。帐篷上没有一片雪花，帐篷四周的积雪，也在融化着。沈括好奇地走进一顶温暖的帐篷。原来，当地人是靠一种叫"石脂水"的黑色液体来取暖的。这种黏稠状的液体，燃烧起来火力很强，发出了很亮的光和热。沈括便详细地询问了这种液体的名字和来历。对自然界一切事物都有着极大兴趣的沈括，仔细地考察了开采"石脂水"的情况。他看到这种黑色的液体是从岩石的缝隙中溢流出来的，并具有油的性质，觉得把它称为"石脂水"是不确切的，便将其命名为"石油"。从此，"石油"这个名称就一直沿用至今。

后来沈括把考察情况记录在他的名著《梦溪笔谈》中，并指出"石油重多，于水际、沙石与泉水相杂，惘惘而出，出于地中无穷"，同时科学地预见，石油"必大行于世"。宋代，石油已开始应用于军事。当时发明了一种用石油产品沥青控制火药燃烧速度的方法，据史料记载："北宋时，京都汴梁的军器监中专门设有'猛火油作'（石油经过加工炼制，人们称其为'火油'或'猛火油'）制造火器。"这项重大发明比欧美早近1000年。直到20世纪，美英等国才在固体燃料的火药炮中，采用沥青控制燃烧速度。

特殊石油资源的前景

036

所谓"特殊石油"，是指埋藏在深海的石油、油页岩、沥青砂和重油等。这些特殊石油在今后的石油工业发展中，前景如何呢？下面我们用事实来说话。

众所周知的在地球表面上，是"三山六水一分田"的分布格局。海洋面积约占地球表面的70％（约3.6亿平方千米），其中约80％是海洋深水区。不久前科学家对深海底部硬地进行了钻探，证明海底沉积层很薄，一些专家乐观地估计，深水石油资源的数量与目前已知的世界可采的石油资源量相同，大约为2300亿吨。

但遗憾的是，阿拉斯加、加拿大北部、北极岛屿和西伯利亚北部的开采石油的经验表明，无论在北极地带，还是南极地带，勘探和开发石油，都是没有价值的，因为有许多困难，目前难以克服。如保护海底钻井的复杂性，在冰层下铺设输油管道，在极地带海中钻探和开采等等困难，都是目前的头等困难，难以逾越。

于是，人们开始注意占海洋面积20%（7200平方千米）的大陆地区，尤其是其中2200万平方千米的大陆架，这里石油资源极其丰富，石油埋藏浅，海水又不深，勘探和开采的技术条件目前均可以满足。

油页岩中的石油储量也很大，估计有4000亿吨，从中可提炼石油300亿吨。可是，从目前的技术条件看，困难比较多，把大量的油页岩从地下挖出来，提炼出来平均7%～8%的石油之后，大批的矿渣怎么处理？其次是从油页岩提炼所花费的成本太高，从经济角度出发，不如购石油划得来。

沥青砂和重油的处理也不少，估计大约有3300万吨，但由于在现代科学水平下，由沥青砂和重油开采石油，只限于露天开采方法，采用这种方法的开采量不多于产地全部蕴藏量的10%。但是，最有发展前途的是把深部沥青砂和重油矿床，在地下变成石油提取出来。实现以工业规模由深矿开采石油的关键问题，是要具备黏沥青矿的软化技术，借助这种技术能把黏沥青软化到易于从沥青砂矿引到油井的状态。加拿大等国家已试用注水和地下加热石油的方法加以开采。

悠久的开发历史

中国是世界上最早发现和利用天然气的国家之一。早在2000多年前的汉代，人们以较大规模开凿天然气气井，并称为"火井"，四川邛崃的天然气井是世界上第一口天然气井。他们创造了用竹或铁凿井、打捞工具和输气等，还掌握了测量井径、堵漏和试井等许多办法。1667年，英国是最早利用天然气的欧洲国家，比中国晚了1000多年。

公元615年，日本已有天然气井。在同一时期，印度、波斯和距离海岸上的巴库不远的寺庙中，有一个寺院已经应用天然气。17世纪10年代中期，英国的托斯·希里在距煤矿不远的地方，发现了一个天然气源，其中"沙土沸腾，可用火点燃"。美国的天然气故乡是纽约矿井，在费列多尼亚，1821年首次发现天然气，1891年开始铺设193米长的天然气管道，从北部的印第安纳矿区延伸到芝加哥，从而成为发展长距离加压输送天然气的开端。1929年建成了第一条总长1600千米，口径为0.6米的天然气管道，这条管道由德克萨斯通到芝加哥，到1948年前，实际的天然气管道总延伸量已有55.7千米。

在欧洲，19世纪初到20世纪10年代初期，人造"城市"气曾用来照明。但在第二次世界大战前，已基本被天然气或电所代替。二次世界大战后，天然气在西欧、东欧国家动力平衡中，已成为重要的组成部分。同时其开采量已由1950年的0.4艾焦（104亿立方米），增长到1960年的2.6艾焦（676亿立方米），1975年增加到19.3艾焦（5000亿立方米）。

在远东和非洲，天然气的开采与石油开采相比，只占次要地位。由于距离主要天然气市场较远，每次大量的顺路天然气燃烧得像火炬。但天然气资源的利用却也从1965年的0.25艾焦（64亿立方米）增长到1975年的2.6艾焦（676亿立方米）。这个地区的国家设计与建设了造价很高的大型工厂，以便生产液化天然气和来自油井的液化顺路气。

天然气在20~30年以前，还是石油生产过程中的副产品，往往被放空废弃了。第二次世界大战后，世界上许多发达地区才开始发展天然气的开采和运输系统。首批天然气液化装置于1940年以工业规模始建于美国。1959年首次实现了由美国到英国的液化天然气海洋运输。

天然气

040

　　天然气是世界上继煤和石油之后的第三能源，它与石油、煤炭、水力和核能构成了世界能源的五大支柱。

　　天然气是蕴藏在地层中的烃和非烃气体的混合物，包括油田气、气田气、煤层气、泥火山气和生物生成气等。世界天然气产量中，主要是气田气和油田气。现在对煤层气的开采也已逐渐受到重视。

　　目前在世界能源结构中，天然气占25％，预计再过10年（2010年）左右，天然气将异军突起，可能增长到35％，甚至成为主要能源之一。天然气的主要成分是甲烷，其氢碳比高于石油，本身就是优质清洁型燃料，是目前世界上公认的优质高效能源，也是可贵的化工原料。

　　天然气密度小，具有较大的压缩性和扩散性，采出后经管道输出作为燃料，也可以压缩后灌入容器中使用，或制成液化天然气。开采天然气的气井存在压力差,利用这种压力差可以在不影响天然气开采和使用的情况下进行发电。

天然气有许多优点:不需重复加工就可直接作为能源;加热的速度快,容易控制,能够随意地送到需要使用的区域;质量稳定,燃烧均匀,燃烧时比煤炭和石油清洁,基本上不污染环境;用做车用燃料,二氧化碳排放量可减少近1/3,尾气中一氧化碳含量可降低99%。此外,天然气的热值、热效率均高于煤炭和石油。总之,用"天生丽质"来形容天然气是恰当的。

天然气作为化工原料,目前主要用于生产合成氨和甲醇。另一种优化利用是通过提高附加值制取液体燃料和烯烃。这将从战略上改变各国石油化工原料主要依赖石脑油及轻柴油的局面。

当前世界石油与天然气产量比为2:1。近30年来,世界天然气勘探迅速发展。到20世纪90年代,世界探明的天然气可采储量为100万亿立方米,比1960年增长15倍左右。在油气总储量的比例中,天然气由16.6%增至45%以上。油与气资源比例已逐渐接近,气将超过油。据估计,天然气最低储量可达300万亿立方米,目前已探明的可采储量仅占1/3,累计产量仅占13.5%。

天然气的种类

042

目前，人们已发现和利用的天然气有6种之多，它们是：油型气、煤成气、生物成因气、无机成因气、水合物气和深海水合物圈闭气。我们日常所说的天然气是指常规天然气，它包括油型气和煤成气，这两类天然气的主要成分是甲烷等烃类气体。天然气中还有一些非烃类气体，如氨气、二氧化碳气、氢气和硫化氢气等。

油型气。国际上一些勘探程度比较高的盆地，发现的石油和天然气的蕴藏量大体上相等，即有1吨石油的储量，就相应有1000立方米的天然气。世界上油气探明储量的平均比值是1：1，如果按此估算，中国与石油资源有关的天然气（油型气）资源应有78万亿立方米。

从天然气产量和石油产量的比例看，1989年世界平均水平为0.62：1（天然气产量为2.1万亿立方米），主要的产油大国天然气产量都超过石油。

如苏联为1.1∶1（产量为7965亿立方米，居世界第一），美国为1.02∶1（产量为5701亿立方米，居世界第二位），而中国则为0.11∶1，可见中国天然气潜力很大。

油型气和石油往往埋藏在一起，气在上，油在下，其形成和石油也基本相同。石油和天然气就像一对孪生姊妹，它们的形成、蕴藏和使用，经常是形影不离，密不可分，这种天然气也叫油田伴生气。

油型天然气的形成和石油基本相同，只是分解活动的细菌是一种嫌气菌。天然气的主要成分是甲烷，占90％以上。天然气常常和石油埋藏在同一个地方。由于它的比重轻，所以蕴藏在石油的上面，这就是油气田。这种天然气有时也单独储于地下，即天然气田。

煤成气。据目前对天然气的科学研究和论证，煤在生成褐煤阶段，每吨煤约生成天然气38～68立方米；从褐煤变成无烟煤的过程中，每吨煤约累计生成天然气346～422立方米，每吨烟煤约生成300立方米，由于煤对甲烷的吸附能力比泥岩大70倍，故煤田瓦斯量不可低估。一般每吨煤中含瓦斯量6～30立方米。中国是世界上煤炭储量最多的国家之一。1990年探明储量为9015亿吨，其中烟煤占70％，无烟煤占16％，褐煤占14％。按上述成气标准，低限估算，在煤的形成过程中所产生的天然气，只要有2％～3％被保存下来，那么中国的煤成气资源量就可能达到27万亿立方米，还可能达到40万亿立方米。

生物成因气。中国近几年在柴达木盆地、松辽盆地、东海盆地，以及渤海湾地区，都发现了生物成因气，可见生物成因气在天然气资源中也有广阔的勘探开发前景。

天然气的储存前景

近30年来，世界天然气勘探与开发正在迅速发展。到20世纪90年代，世界探明的天然气可采储量100万亿立方米，比1960年增长15倍左右。在油气总储量的比例中，天然气由16.6%增至45%以上。油与气资源比例已逐渐接近，气将超过油。据估计，天然气最低储量可达到300万亿立方米，目前已探明的可采储量仅占1/3，累计产量仅占13.5%。

目前，从天然气的探明储量看，世界上天然气最富有的国家是俄罗斯、美国和中国。1986年以来，中国共发现气田90多个，大于100亿立方米储量的大中型气田近20个，生产基地不断增加，年产气在150亿立方米以上。

中国天然气资源丰富，已探明储量达数万亿立方米，其中纯气藏的气层气近5000亿立方米。

　　我国各地适于生成聚集天然气的沉积盆地很多，陆上有464个，面积522万平方千米，海上有12个，面积147万平方千米。据专家预测，天然气资源量33.4万亿立方米，仅次于俄罗斯和美国，居世界第三位。在地区分布上和地层分布上都十分广泛。从最新的第四纪到古老的震旦系地层都有一定探明储量，其中第三系和三叠系最多，占50%以上。同时，油型气、裂解气、煤成气、生物气各种成因类型气都有。

　　在探明储量中，油田伴生气（指开采石油同时得到的天然气）、气顶气（指油藏顶部的游离气顶）、油田夹层气等，即油型气，占2/3，纯气藏气较少，大约仅占1/3。在地区分布上，我国东部地区以伴生气为主。西部地区以裂解气（生油物质深埋地下受高温影响直接裂解成气）为主。另外，在陕甘宁地区以煤成气（煤在生成过程中形成的天然气）居多；生物气（由厌氧微生物发酵作用产生的天然气）主要集中在柴达木盆地和长江口外海域。

　　继20世纪末，在塔里木盆地发现1亿立方米的大气田之后，2001年在内蒙古伊克昭盟地区又发现天然气地质储量规模达到5000亿立方米以上，相当于一个5亿吨储量的特大油田。这是目前中国迄今最大规模的整装天然气田——苏里格气田。据预测，这一气田最终可累计探明天然气地质储量7000亿立方米以上，这不仅会成为我国第一大气田，而且将列入世界知名大气田的行列。

　　中国天然气分布最多的大型盆地（地区）有十几个，其主要地区有：新疆塔里木（裂解气），准噶尔（油型气、煤成气），青海柴达木（生物气），鄂尔多斯（煤成气），四川（裂解气），云南、贵州、广西（裂解气），江淮一带（煤成气），华北（油型气），东北（油型气、煤成气），海域（油型气、煤成气）。

天然气水合物

天然气水合物，又称天然冰。这是天然气和水在海洋的强大压力和低温海水作用下，经过几百万年，凝固而成的一种坚实的凝固体。

天然气水化物的发现，开始是在北极圈，从钻探的地方冒出来，它一接触到海面冷水立即凝结成一层晶状体。后来人们在海底油气资源勘探中，普遍发现了这种冰冻状态的天然气水化物晶体。这种新能源，估计它的储量将是世界石油储量的 2 倍。

最近有人用某些海底赋存有大量的天然气水化物，来解释"百慕大之谜"。近百年来，已有 20 多架飞机、50 多艘大船在大西洋百慕大附近失踪。最新的解释认为，造成沉船或坠机事件的元凶是天然气水化物晶体。百慕大海底下储存有大量的天然气水化物晶体，从海底地下翻出来，并迅速气化，使大量的气泡上升到水面，导致海水密度降低，失去原有的浮力，使经过的船只沉入海底；同样的道理，大量的天然气浮出海面后，飘到空中，使经过的飞机立即燃烧爆炸。

据报道，1975年11月，43名科学家在距美国北卡罗来纳海岩314.84千米(170海里)的海底进行首次钻探时，发现有大量的能源物质被禁锢在海床以下结晶的冰层里，初步估计这里的这种能源足够人类使用几十年。此后不少专家在全球进行了调查，认为天然气水化物晶体主要存在于冻土层中和海底大陆坡中，在地球上储量十分巨大，在西伯利亚和青藏高原的冻土层和太平洋、大西洋、加勒比海的海底，都存在巨大体积的天然气水化物晶体。

天然气水化物晶体，是一种具网络构造的天然气和水的笼状冰结晶体，里面含有气体分子，通常是天然气(甲烷)，生成条件是低温和高压，以形成甲烷水化物为例，必要条件是0℃时2634.5千帕(26个大气压)，或10℃时7707.7千帕(76个大气压)。因此，气体水化物只能分布于深海大陆斜坡或永久冻土带中，温度上升或压力下降时，立即分化瓦解，释放出可燃气体。

据测试，1单位体积的水化物，能包含200倍天然气。许多专家认为陆上27%和大洋底90%的地区，具有形成天然气水化物的有利条件。计算表明，水化物在陆地上的总资源量为5300亿吨煤当量，水陆两地的水化物合计是世界煤炭总资源的10倍，石油的130倍，天然气的487倍。其中永冻区$(14\sim33\,960)\times10^4$亿立方米，海洋沉积$(3113\sim7\,641\,000)\times10^4$亿立方米。

全世界水化物中的甲烷含量约$19\,810\times10^4$亿立方米。因此，天然气水化物被认为是最有希望的新型能源。

固体石油

腐泥煤、油页岩、沥青质页岩，都是含油率较高的可燃性有机岩，是提炼石油和化工产品的宝贵原料，被誉为"固体石油"。

这些固体石油，特别是油页岩，据估计，在全世界的储量大大超过石油，并且有可能超过煤炭。在能源短缺的今天，世界各国已经开始研究如何利用的问题。美国、俄罗斯等许多国家纷纷做各种实验，以取得加工利用的科学数据。德国坚持综合利用的方针，建立了一个油页岩－水泥联合企业，他们以油页岩做燃料，生产水泥并发电，虽然生产规模不大，但是在经济上已经赢利。

腐泥煤呈黑色，沥青光泽，条痕褐棕色，致密块状，断面具有明显的贝壳状，或弧形带状断口，比较坚硬，有较强的韧性，比重很小，拿在手上有轻飘飘的感觉。能划着安全火柴，又能用火柴点燃，燃烧时冒黑烟，红色火焰，有轻微的沥青臭味。显微组分有藻类体、沥青渗出体、小孢子体、角质和镜质体微细条带和丝质组的碎片。在化学成分上氢的含量较高，挥发性和焦油产率也较高。中国山西蒲县东河的腐泥煤一般含油率为8%～24%，最高达32%，属藻煤和烛藻煤。

油页岩是一种含碳质很高的有机质页片状岩石，可以燃烧。油页岩的颜色较杂，有灰色、暗褐色、棕黑色，比重很轻，一般为1.3～1.7。无光泽，外观多为块状，但经风化后，会显出明晰的薄层理。坚韧而不易碎裂，用小刀削，可成薄片并卷起来。断口比较平坦，含油很明显，长期用纸包裹油页岩时，油就会浸透到纸上来。用指甲刻划，富于油泽纹理，用火柴可以点燃。燃烧时火焰带浓重的黑烟，并发出典型的沥青气味。油页岩的矿物成分由有机质、矿物和水分组成。在有机质中一般含碳60%～80%，氢8%～10%、氧12%～18%，还有硫、氮等元素，是一种富氢的碳氢化合物。矿物质中含有硅酸铝、氢氧化铁和少量的磷、铀、钒、硼和锗等。

1千克油页岩燃烧可产生8000万～1.2万焦的热量，干燥油页岩的发热量约为1.6万焦。3千克油页岩相当于1千克煤的发热量，5千克油页岩燃烧所产生的热量相当于1千克石油。因此，油页岩主要用来提炼石油和化工原料。

沥青质页岩为暗黑色，沥青光泽，页理不发青，有一定的韧性，锤击后易留下印块而不易破裂。不易点燃，燃烧时冒黑烟，有沥青臭味。含油率不高，一般3%～5%。

全世界的油页岩和沥青页岩，含油的总储量高达1.416万亿千克。已探明的矿藏含油4400亿吨，相当于7084亿千克标准煤。

油页岩的利用

油页岩工业利用途径有两个：一是炼油、化工利用；二是直接燃烧产汽发电。

炼油化工利用，是将油页岩进行干馏，制取页岩油和副产物硫酸铵、吡啶等。页岩油进一步加工，则可生产汽油、煤油、柴油等轻质油品。油页岩直接燃烧，是将其在专门设计的锅炉中燃烧产汽发电，油页岩干馏炼油残留的页岩灰和油页岩燃烧生成的页岩灰，均可用做水泥等建筑材料的原料。

一般认为，油页岩是低热值燃料，油页岩炼油厂或油页岩电站的投资大，据估计，年产百万吨页岩油，从油页岩开采、干馏，到加工成油，需投资8亿元；同时生产费用高，利润少，甚至有亏损。但是，随着国际石油危机的到来，以及石油价格的猛涨，同时由于油页岩综合利用的进展，尽管投资较大，大规模开发在经济上仍不失其应有的价值。

迄今为止，世界上用油页岩生产页岩油的，只有中国、俄罗斯和美国等国家。

1978年苏联油页岩产量达3500万吨，其中20％用于生产页岩油，以及副产酚类、硫黄、芳烃等化工产品，还有民用煤气。当时苏联在发展天然石油和煤炭生产的同时，也继续发展油页岩的生产，并将其作为一种重要的地区性燃料，主要用于发电，其次作为干馏炼油和造气。

而美国，主要是利用油页岩干馏制取页岩油，再加氢制取汽油、柴油等轻质油品。美国估计，建造一座年产100万吨页岩油的工厂，包括油页岩的开采及干馏炼油和页岩油加工成轻质品，投资高达10亿美元。因而美国迟迟未下决心工业化生产。随着国际天然石油价格的不断上涨和国际形势的变化，现已在科罗拉多州投资30亿美元建设第一座页岩油厂，已于1985年生产车用汽油。

目前，中国油页岩年产量约为1000万吨，主要用于干馏生产页岩油。抚顺（辽宁）和茂名（广东）的油页岩均为露天开采，其开采工艺是采用钻孔、爆破、电铲采装、铁道运输的方法。占用人力较多，但投资较少。尤其是抚顺，油页岩位于煤层之上，是采煤时顺便开采的副产品，因此油页岩的价格较低；再加上中国注意油页岩的干馏产物综合利用，所以成本低于国际天然石油的价格。如果将页岩油加工后制成汽油、煤油、柴油等轻质油品，则在经济上更为有利。目前，中国页岩油工业已引起世界上许多国家的关注。近年来，欧、美和日本都加强了在加氢高压下，利用溶剂热解油页岩的研究。联合国也开始开展油页岩的利用和国际合作。

第二章　太阳能

太阳以巨大的光和热哺育着地球上各种生命，也给人间带来了无限的温暖。地球上生物的生长和繁育，各地气候的形成和演变，全球水分循环的进行，都和太阳巨大的能量密切相关。地球上的绝大部分能源都来自于太阳。

太阳为什么会发出强大的光和热呢？直到 20 世纪 30 年代末，德国著名物理学家贝特才提出恒星能量生成的理论。他指出，氢是太阳的燃料，太阳上所进行的反应不是一般的化学反应，而是在高温中进行的热核反应。这个理论是对太阳研究的突破性的进展，成为现代天体物理学，天体演化研究的理论基础，贝特也因此获得了诺贝尔物理学奖。

现在人们知道，太阳由氢、氦、氧、碳、氮、氖、镁、镍、硅、硫、铁、钙等60 多种物质组成，其中最丰富的元素有 12 种。氢的含量占 1/2 以上，氦的含量也很多。太阳上的所有元素都呈灼热的气体存在。在太阳内部高温、高压的环境下，所有气体都电离了，核聚变反应持续不断地进行。当每 4 个氢核聚合成一个氦核时，同时放出巨大的能量。

太阳向宇宙空间发射的辐射功率约为 3.8×10^{23} 千瓦，其中能到达地球大气层的能量约为其总辐射能的二十二亿分之一，但是它的能量也在 173×10^{12} 千瓦，仍是十分巨大的。其中 30% 被大气层反射回宇宙空间，23% 被大气层吸收为风、雨、霜、雪等气象变化的能量。直射到地球表面的能量为 81×10^4 亿千瓦，大体上相当于世界总能耗的上万倍。

太阳的辐射能不仅是地球上各种生命之源，而且也是许多能源之源，例如化石能源煤和石油，是古代储存太阳能的产物，因为煤和石油都是植物、动物、微生物死亡后形成的。其他可再生能源，如风力、海洋能，生物质能等，都是太阳能的派生能源。当前的科学技术水平，只能开发利用太阳照射到地球陆地能量的不足千分之一，所以今后开发利用太阳能的潜力还很大。

太阳的能量

太阳是一个巨大的气体光球，它的中心部分主要是由氢气构成的。因为太阳的重量十分庞大，所以连氢这么轻的气体也被它的引力拉住，而不能逃脱到外面去。太阳中心部分的温度高达1500万摄氏度，压力达到几千亿个大气压。几十亿年来，太阳内部释放的原子能，由内部传到表面，使太阳不断地发射光和热，此外还有能量很高的微小粒子也会被发射出来。

太阳表面的温度很高，高达6000℃，比炼钢炉中的温度还高得多。人们观察到，在如此高的温度下，太阳表面存在的各种金属都变成了蒸汽。太阳中心高达1500万摄氏度的温度，如果同地面的物质对比一下，会觉得太阳温度高得惊人。在地面上，温度达到100℃时，水就沸腾了，炼钢时温度达到1000℃时，铁矿石将熔化成铁水流出，最难熔的金属钨，它的熔点也只有3370℃，比起6000℃和1500万摄氏度来，简直是望尘莫及。

太阳的光和热向四面八方辐射，太阳家族成员接收到光和热后，发生反射，产生一定的光热效应。地球接受到太阳的光和热很少，只是太阳放出光热的二十二亿分之一。但这些光和热对地球产生的影响却是巨大的。

太阳巨大的光和热是怎样产生出来的呢？这个问题一直到20世纪40年代才得到了满意的回答。原来在太阳的物质组成中，含有大量的氢和氦，氢是最轻的气体，氦是第二轻的气体。它们在太阳内部的高温之下，氢将转变成氦，同时产生大量的原子能，原子能又转变为光和热，从太阳表面散发出来，并射向四面八方。

经过科学家计算，目前太阳每秒钟要释放出90×10^{24}卡热量，每秒钟需要消耗6亿吨的氢。太阳在一年之内可以产生出3.8×10^{23}千瓦的巨大太阳能，发出光辉并向太阳系辐射。

如果太阳全部由氢组成的话，那么还可以继续放射1000亿年。实际上，太阳并不是全由氢组成的，因此估计，太阳还可以在几百亿年内继续放出光和热。

科学家研究证实，太阳内部蕴藏着的大量氢，是维持太阳生命的"粮食"。在太阳内部高温高压的条件下，那里正在进行着热核反应，4个氢原子核聚变为1个氦原子核。热核反应进行的时候，释放出大量的能量，但是，这种反应比较缓慢。几百亿年以后，当这种反应一旦停止了，太阳中心就形成氦核，不再产生能量了，太阳表面积迅速增大，成为红巨星。这时它的表面温度变低，颜色偏红，体积很大，平均密度很小。此后，大约经过10亿年，经过爆发，变成白矮星，再变成黑矮星，最后消失。随之太阳的光和热也就消失了。

到达地面的光和热

　　太阳一年发出的能量，相当于现在整个地球上人类所使用的总能量的 6×10^5 亿倍。这些能量的绝大部分都辐射到太阳系的宇宙空间了。其中约有二十二亿分之一辐射到地球上，相当于现在地球上所使用的总能量的 3 万倍。

　　辐射到地球上的太阳光线是由 7 色（红、橙、黄、绿、青、蓝、紫）各种波长的光波组成的，其中能量密度最大的波长是 0.55 微米的绿色光线区域。植物叶绿素的颜色和太阳光的绿色是一致的。

　　由于地球距离太阳很远，约有 1.5 亿千米，而地球在太空中只是一颗小小的星球，所以它只接受了太阳二十二亿分之一的光和热。同时更为重要的是，地球的最外层是被一层厚厚的大气包裹着。大气层阻碍太阳能的辐射。因此，辐射到地球上的太阳能的分布是很不均匀的。

在到达地球表面之前，被大气和云雾反射回去的太阳能约为 30％，这些能量以原来的短波返回宇宙空间。此外，被大气和云雾吸收的太阳能约为 20％，结果，在到达地球表面之前，被大气和云雾反射和吸收的太阳能为全部（即二十二亿分之一）的 51％。

在到达地球表面上的太阳能约为全部的 49％ 中，又有 2％ 从地面直接反射而返回宇宙空间。剩下的 47％ 左右都辐射到地面上了。现在人们利用专门的仪器——化光表，可以测量太阳光给地面带来的热量。当阳光严格垂直照射并且在地球四周没有大气的条件下，这个测量的结果是：在 1 平方厘米的地面上，每分钟可以获得 2 卡（约 8 焦）的热量。经过多年的测量，这个数据始终没有显著的改变，因此，"2 卡"被称为"太阳常数"。

然而，到达地球表面的阳光和热量，是经常受大气层的变化而变化的。例如，晴天、阴天，地面上接收到的太阳能是不一样的。此外，地球上纬度不同的地方所受的日光照射也有所不同。在赤道附近所得到的热量多些，而在两极附近则较少。造成这种差异的原因：一是地球公转时地轴是倾斜的，而不垂直于轨道平面；二是地球是个圆球。由于这两个原因，太阳光并不是以相同的角度射到地面的各个区域，因而强度不免有大小的区别。同一数量的光线所射到的面积越小，其热量就越集中，强度也就越大；反之强度则越小。

赤道地区所获得的太阳辐射比其他地方都多，在这里 1 平方米的面积上，每分钟所获得的阳光热量可煮开 1 杯水，1 万平方米土地上所获得的平均阳光热量，则足以发动一部消耗功率近 10×10^6 瓦的机器。地球表面积约 5.1 亿平方千米，这样，我们便不难计算出太阳每年辐射到地球表面的能量。这个能量相当于 10×10^6 亿吨标准燃料的能量，这个数字比目前全世界一年生产的总能量还要大 1.8 万倍。

太阳能与地球万物

058

　　地球上绝大部分能源都来源于太阳热核反应释放的巨大能量，另外地球形成过程中储存下来的能量也都来源于太阳的辐射。

　　"太阳是地球的母亲"，这是西方诗人赞颂太阳的诗句。世界上各地的人们总把最美好的东西比做太阳，因为太阳是光明的象征，而这光明就是能量的源泉。光芒万丈的太阳慷慨无私地向空间散发着无尽的光和热。那么，太阳能在地球上究竟发挥什么作用呢？归纳起来表现如下：

　　辐射到地球表面上的太阳能约有47%以热的形式被地面和海洋所吸收，使地面和海水变暖。

　　同海水、河川、湖沼等的水分蒸发，以及降雨、降雪有关的太阳能约为23%。这些能量的一部分作为河川的水利用于水力发电等。

　　能引起风和波浪有关的太阳能约为0.2%。由于太阳能的辐射能为其他可再生能(如风力、地热、海洋能、生物质能等地球可得到的洁净的能源)提供了极为丰富的资源。

大家知道,植物是利用太阳能、水和二氧化碳进行光合作用而生长的。不过植物利用的太阳能是极少的,只有0.02%～0.03%。现在我们所使用的石油和煤炭等常规能源,可以说是经过几亿年之久的光合作用而积蓄起来的太阳能。

太阳对地球来说,除了给予光和热以外,还向地球发射x射线,电波和太阳风等离子体状的粒子。而且由于上述太阳的光斑、日珥和黑子等的活动,使包围地球的上层大气经常受到影响。

目前,对于太阳照射到地球陆地的能量,按照现有的技术水平,仅仅可开发利用其中的不足千分之一。不过,伴随科学技术的迅速发展,现代太阳能应用技术已被赋予全新的内涵,应用领域已涉及工业、农业、建筑、航空航天等诸多行业和部门,已经发展成为种类繁多、兴旺发达的"名门大族"。例如,用于公共建筑的大规模采暖、制冷、空调等太阳能设施;用于海水淡化的太阳能蒸馏装置;用于宇宙飞船、航天飞机、汽车、自行车的太阳能能源;用于育秧、干燥、杀虫等太阳能器具;用于取暖、保温的太阳能灶和太阳能温室等,都是太阳能技术的应用。

总而言之,太阳能是一种取之不尽,用之不竭,不会造成任何污染的清洁能源和可再生能源。据研究认为,太阳还有几百亿年的寿命,只要太阳存在一天,它的能量就会释放一天。

神话与科学

060

　　古希腊有许多优美动人的神话，普罗米修斯盗取天上的神火就是其中的一个。普罗米修斯是一个富有同情心的神。他看到人类在黑暗中摸索，忍受着寒冷，就偷偷地违抗宙斯的禁令，用茴香杆从太阳车的火焰中引出一团烈火，把火种悄悄地送到了人间。宙斯得知人间有了火以后，非常愤怒，便指使潘多拉将装有各种祸患灾害的盒子带到人间，来抵消神火带给人间的温暖，并下令重罚普罗米修斯。普罗米修斯被铐锁在高加索山顶的悬崖上。宙斯派神鹰每天啄食他的肝脏。后来，大英雄赫拉克勒斯路过高加索山时，用利箭射死了神鹰，马人喀戎又自愿做了普罗米修斯的替身，从而解救了这位盗火的英雄。

　　这不过是神话故事而已，但却反映了古代人们崇拜太阳的现实。然而，最早有关利用太阳辐射能的文字记载则属于中国。战国时代(前475—

前221)的《墨经》曾有记述，当时人们用铜制的凹面镜聚光，把太阳光聚成小焦点，用以引火。中国古代称这种聚光镜为"阳燧"，因为人类最早发明钻木取火，称为"木燧"，中国历史上将此发明者尊称为燧人氏，后来用击石取火，又叫"石燧"。因此，利用太阳光来取火就叫"阳燧"。有关阳燧的记载，还可从西汉时代(前206-25)淮南王刘安撰写的《淮南子·天文训》中了解。他写道："故阳燧见日，则燃而为火。"现在北京中国历史博物馆还收藏着春秋、汉、唐、宋代的出土文物阳燧。公元1世纪前后，古埃及的亚历山大城曾有人利用太阳能将空气加热膨胀，把尼罗河水抽取上来灌溉农田。

那么太阳为什么发出光和热呢？20世纪40年代，德国著名物理学家贝特提出恒星能量生成的理论，指出氢是太阳的燃料，太阳上所进行的反应不是一般的化学反应，而是在高温中进行的热核反应。氢原子的原子核是由一个质子组成的，两个氢原子核就会发生聚合反应，合并成氢的同位素氘核。氘核(^2_1H)是由一个质子和一个中子组成的。但是，形成氘核后，并不稳定，它又很快地俘获另一个氢核，变成氢的另一个同位素氚核(^3_1H)，氚核是由一个质子和两个中子组成的。同时在反应中放出γ射线。然后，两个氚核又互相结合成氦核(^4_2He)，同时生成两个中子并以H射线的形式放出11.4×10^6电子伏的能量。

贝特这一理论的提出，使人类对太阳的认识有了突破性进展，它有助于人们进一步认识核反应，对研究天体物理、天体演化起到极大的推动作用。为此，贝特获得了诺贝尔物理学奖。

太阳能的特点

太阳能作为一种新能源，与常规能源如化石燃料（煤炭、石油、天然气）及核燃料相比，具有许多不可比拟的特点：

太阳能作为直接能源或间接能源，对人类起着非常重要的作用。它的优点之一就是持续供应，源源不断。科学家推断，太阳的寿命还有上百亿年，可以认为，太阳能将是取之不尽、用之不竭的。因此，太阳能和由它产生的其他各种形式的能源都称为可再生能源。

太阳能的广泛性。太阳能到处都有，就地可用，在山区、沙漠、海岛等偏僻地区其优越性更明显，人们只要一次性投资安装好发电设备后，平均的维持费用比其他能源要小得多，所以太阳能经济实惠。

太阳能具有分散的特点，太阳辐射尽管遍及全球，但每单位面积上的功率很小，因此要得到较大的功率，就必须有较大的受光面积，这就使得设备的材料、结构、占用土地等的费用增加，从而影响了推广应用。

太阳能具有清洁性。利用太阳能作为能源，没有废气、废料，不污染环境，因此，太阳能被称为清洁能源、绿色能源。

太阳能的地区性。在赤道附近，太阳光在中午时刻是直射地面的，因而有较大的强度。而在两极地区，太阳光好像是滑过地面似的斜射，因而在单位面积上所得到的阳光较少，强度也就较小了。此外，当阳光斜射时所穿过的大气层要比直射时厚，所以消耗在大气层中的热量也较多，到达地面的就少些了。由于这两个原因，地球上被分为热带、温带和寒带，它们的顺序是由赤道逐渐向两极变化的。

太阳能的间歇性。太阳的高度角一日内及一年内在不断变化，加之气候、季节的变化影响，太阳能的可用量很不稳定，随机性很大。利用太阳能发电时除并网发电外，一般情况下必须备有相当容量的贮能设备如蓄电池等，这不仅增加设备及维持费用，而且也限制了功率规模。

在上述太阳能的特点中，有一些是太阳能的弱点，例如太阳能的分散性、间歇性等等，就是这种能源的弱点。科学家们为克服太阳能的弱点，想尽了办法。比如，太阳向四面八方的辐射是广泛而分散的，只有大面积采集和利用太阳能，才能满足全球日益增多的能源需求，而大面积采集太阳能的理想地点是沙漠地区和海洋水面。1990年日本提出了综合利用太阳能的太平洋巨型浮体发电计划；为太阳能受季节、昼夜、气候影响，设计了许多种（短期的和中长期的）储存太阳能的方法，把间歇性和不稳定性的太阳能储存起来以便使用。

太阳能的利用前景

　　我国是世界上太阳能资源比较丰富的国家。我国幅员广大，全国各地太阳能年辐射总量平均达335～840千焦／平方厘米·年。根据我国太阳能资源分布的情况，约有2/3以上的陆地面积具有利用太阳能的良好条件，而在东南海域许多岛屿上，如海南岛、西沙群岛等，也有利用太阳能的自然条件。就世界范围来说，我国发展太阳能的自然条件是好的。但是，太阳能的利用，又因条件而不同。

　　第一，日照时间长的地区，比日照时间短的地区有利。我国西藏地区一年的日照时间在3000小时以上；定日、阿里地区更超过3300小时；甘肃、青海等高原的条件也很好。

　　第二，多雨多雾的地区，日照时间短，不利于太阳能的利用。

　　第三，大都市的空气污浊，空气的透明度差，也不利于太阳能的利用。

第四，在热带地区利用太阳能有利，寒带地区较差。但有的科学家认为，即使在北纬56度的地方，太阳能采集器在经济上还是合算的。这样说来，我国几乎全部地区都适宜于太阳能利用的发展。第三世界，尤其是在非洲热带地区，发展太阳能热水器等小型的太阳能机具，对解决广大农村缺少柴草的农民很有好处。小型的太阳能机具，结构简单，成本较低，中国农民所用的太阳能热水器，价格在100元以下，是农民能够承受的价钱。

据粗略估计，地球表面每年从太阳获得的能量大约相当于100亿千瓦·时电。这比目前全世界每年生产的电能还大几十万倍。怎样利用这么巨大的太阳能呢？长期以来，一直是人们奋斗的目标。

利用太阳能淡化海水、为家庭提供热水或取暖暖气的低温太阳能装置，已经在许多国家获得广泛应用。这类装置结构简单，不存在什么技术问题，在燃料缺乏、日照时间长的地区，是发展太阳能利用的一个很有潜力的地区。

一些国家已经研制成功一种新的利用太阳能的方法：采用许多反射镜把太阳能聚集在一个很小的区域，以获得上千度高温的太阳装置。这类装置一般都比较庞大，技术上也比较复杂。目前仅用于科学研究，估计一时难以推广应用。

利用太阳能发电，是研究太阳能利用的主要方面，太阳能发电主要有太阳能蒸汽锅炉发电、太阳能温差发电和太阳能电池，其中太阳电池又是发展太阳能利用最有前途的一个方面。

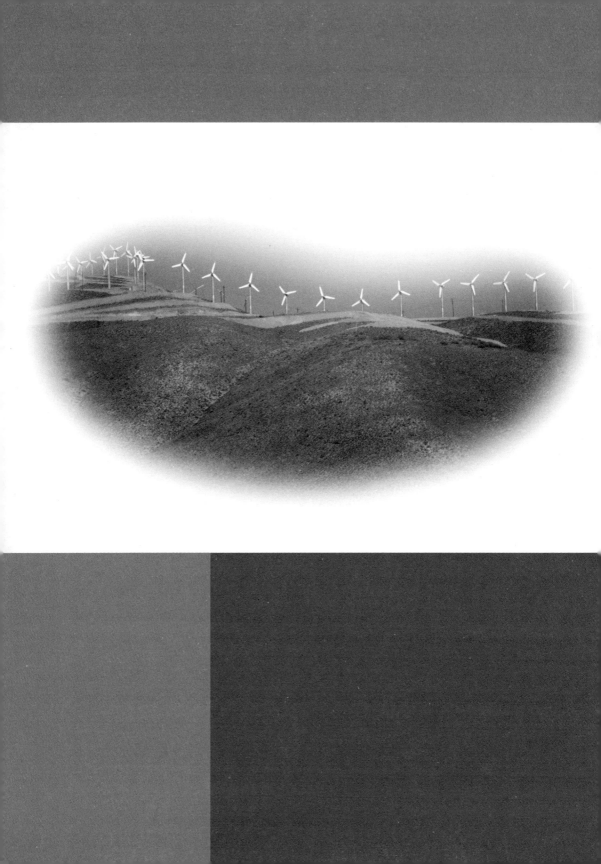

第三章　风能

使用现代的高科技，对这种古老的能源加以利用，这正是当今世界开发能源的主流。利用风力发电，将是 21 世纪发展能源的主力军。

风作为能源，很早就被人类所开发利用了。早在 2000 多年以前，人类开始利用风的"神力"带动风车引水灌田、碾米磨面，既简便易行，又经济实惠。在交通运输方面，风帆船的诞生，使世界航运航海事业欣欣向荣，为世界文明发展，建立了卓著功勋。中国唐代大诗人李白在《行路难》诗中写道："长风破浪会有时，直挂云帆济沧海。"成为脍炙人口的名言佳句。诗中描述的那破浪帆船，就是借助于这强大的风力来助航的。唐代诗人王维的《送秘书晁监还日本国》诗中有"向江惟看日，归帆但信风"；韦庄的《送日本国僧敬龙归》诗中有"此去师诗谁共到？一船明月一帆风"等佳句，无不说明唐代，扬帆往来于中国和日本之间的帆船，已屡见不鲜了。

明代是中国风帆船的鼎盛时代，当时帆船的设计和制造技术达到世界领先水平。郑和率领规模浩大的船队，先后 7 次下西洋，成为世界航海史上的空前壮举。正是由于风力代替人力，帆船可以远驶大洋。470 多年前，著名的哥伦布正是驾驶帆船，横渡大西洋，发现了美洲新大陆。

世界上埃及、荷兰是较早利用风能的国家。古埃及用风磨碾米，最近有科学家考证认为，埃及金字塔上的巨大建筑石条，也是系在风筝下面，靠风力运上去的哩！荷兰的风车数量举世闻名，到目前，还保留 900 座老式风车，专供旅游者观赏。

19 世纪末发电机问世，丹麦创造了世界上第一座风力发电站，并曾广泛利用风力电站提供照明和其他生活用电。

无数事实证明，风是一种潜力很大的新能源。人们也许还记得，18 世纪初，一场狂暴的大风横扫英法两国，吹毁了 400 座风力磨坊，800 座房屋，100 座教堂，400 多艘帆船，并有数千人受到伤害，25 万株大树连根拔起。由此可知，风在数秒钟之内就可以发出 750 万千瓦的功率，估计地球上用来发电的风力资源约有 100 亿千瓦，几乎是现在水力发电量的 10 倍。

风是一种自然能源

068

　　风是一种最常见的自然现象，汹涌的海浪、怒吼的林涛、飘扬的旌旗，都是风作用的结果。春风和煦，给万物带来生机；夏日阵风，使人心旷神怡；秋风拂过，带来丰收的喜悦；北风怒吼，迎来寒冷冬季。一年四季，风有时给人们带来欢乐，有时也会给人们带来灾害。

　　风，从古至今，吹得土地黄沙莽莽，吹得"一川碎石大如斗，随风满地石乱走"。特别是强烈风暴，刮得天昏地暗，飞沙走石，毁坏房屋，中断交通，给人类带来灾难。然而，这猛烈、怒吼的风，唤起了人类对它的驯服的愿望，让它顺应人的意志，为人类服务。

　　那么，风为何物，它为什么有这么大的本领呢?

　　大家知道，地球的表面是由一层厚厚的大气包围着的，这层气体也叫空气，它的总厚度大约为1000千米。根据不同的物理特性，大气层可划分成对流层、平流层、中间层、热层和散逸层。风这种自然现象就产生在对流层里。在对流层的上部，由于温度低，冷空气就会沉到下部，下部的暖空气就会浮升向上，于是空气就会发生上下翻腾，形成空气对流现象。同时，太阳光照射到地球上，由于各地辐射能量不均衡，地球表面各地区吸热能力不同，便引起各处气温的差异，冷热空气形成对流，这就是风。

风是一种自然能源。它可以说是取之不尽、用之不竭的干净能源。有人估计过，地球上的风能是个惊人的数字，它相当于目前全世界能源总消耗量的100倍，这个数字相当于1.08万亿吨煤的蕴藏量。据估计，太阳给地球的辐射热量约有2%被转换为风能了。

风能利用的研究与开发，将在新能源的研究中占有一定的地位。不过风能也有许多弱点，如风力的不经常性和分散性，时大时小，时无时有，方向不定，变幻莫测，若用来发电则带来调速、调向、蓄能等特殊要求；此外，空气密度极小，仅是水的密度的1/816，因此要获得与水能具有同样的功率，风力机的风轮直径要比水轮机的叶轮直径大几百倍；风能利用必须解决的问题是如何降低风力发电机叶片的巨大制造成本，提高转子的效率，延长发电机寿命等。

风是怎样吹起来的

070

　　地球表面有了风，才能耕耘播雨，调节气温，传播花粉，吹动风车。利用风力提水磨面等也已有数千年历史，而现代技术又将风车变成了发电的动力之源，使古老的风能重新焕发了青春。

　　那么，风是怎样吹起来的呢?

　　空气的流动形成了风。流动的空气所具有的能量（动能），就是风能。广而言之，风能是由太阳能转化的，以及地球自转引起的。在赤道上，太阳垂直照射，地面受热很强；而在地球两极地区，太阳是倾斜照射的，地面受热就比较弱，热空气比冷空气轻，就造成在赤道附近热空气向空间上升，并且通过大气层上部流向两极；两极地区的冷空气则流向赤道。由于地球本身自西向东旋转，大气环流在北半球产生了东北风，在南半球就产生了东南风，分别称为东北信风和东南信风。

海陆风——沿海地区海上与陆地上所形成的风,其风向是交替出现的。它的形成是由于昼夜之间温度的变化造成的。白天,陆地上接受的太阳辐射热量较海水要多,因而陆地上的空气受热向上流动,而海洋面上的空气较冷,则从海洋流向沿岸陆地,这样就形成了海风;夜间,陆地上的空气比海洋上的空气冷却要快一些,因此造成海洋上的空气上升,而陆地上的较冷的空气沿地面流向海洋,形成了陆风。

山谷风——山岳地区在一昼夜间形成的山风,又称谷风或平原风。谷风的产生是由于白天太阳照射,使山坡上的空气温度升高,热空气上升,而地势低处的冷空气则自山谷向上流动,这就形成了谷风;到了夜间,空气中的热量向高空散发,高空中的空气密度增大,空气则沿山坡向下流动,这就形成了山风。

人们认识海陆风和山谷风是很早的事了。住在沿海的人们都知道,在晴朗而昼夜温差较大的日子里,白天吹来海风,夜晚则陆风吹向海上。而住在山区的人们,则很熟悉山谷风的运转规律:白天谷风从谷底向山上吹送,晚上又转变为山风从山上吹到山下。

人们经过反复实践,终于认识了大气中刮风的规律,甚至还可以准确地掌握海陆风、山谷风的出没规律,就像掌握潮水涨落规律一样准。海风何时登上陆地,谷风什么时候走向山头,有经验的沿海渔民和山区农民都能一清二楚。

大风包含着很大的能量,它比人类迄今所能控制的能量要高得多,因此风能的有效利用是人类开发能源的重要组成部分。

风速与风级

072

　　风的大小，通常以空气在单位时间内运动的距离，即风速作为衡量风力大小的标准。用米／秒、千米／小时为单位来表示。

　　通常所说的风速，是指一段时间内的平均风速，如日平均风速、月平均风速、年平均风速等。这是由于风时有时无，时大时小，瞬时万变，所以人们以一段时间内的算术平均值为平均风速。

　　风速的观测就是测定风的大小。在很早的时候，没有测定风速的仪器，人们只有凭借地面物的动态来估计风力。据记载，唐朝就已经将风力分为10个等级，即动叶、鸣条、摇枝、堕叶、折小枝、折大枝、折木、飞砂石、折大树及根。现在使用的薄福氏风力等级，也是根据地面物的动态，把风力分为12级，连静风1级一共13级。有人根据这13级风力的地物征象，把各级特征编了歌谣：

地面无风烟直上，一级看烟辨风向。

二级轻风叶微响，三级枝摇红旗扬。

四级灰尘纸张舞，五级水面起波浪。

六级强风举伞难，七级枝摇步行艰。

八级大风微枝断，九级风吹小屋裂。

十级狂风能拔树，十一十二陆上稀。

目前气象台站是通过仪器来进行风速观测的。常用的有两种仪器。一种叫风压板。它是一块垂直悬挂且能自由摆动的铁板，连接在风向标的上方。这样，铁板始终处于迎风的地位。在有风的时候，铁板受风压向上飘起，根据飘起的程度，就可以知道当时的风速。另一种叫电传风向风速仪。它可分为两个部分：感应部分安装在室外，指示部分安装在室内，两者之间有电缆相连。观测时，只要一开电钮，就可以在指示器上观测到当时的风向与风速。

目前气象站发布天气预报时是用风力，即用风力的等级发布。风力简单明了。以平均风力而言，一般将枯水季节6级以上的风力，称为大风；洪水季节5级以上的风力，称为大风。

"薄福风级"，即从零级到12级，共分13级的风级，这是1805年英国人薄福提出来的，随后又补充了每级风对应的风速数据，使风级的判断由最初仅靠自然景观变化，进步到有精确的风速数据。这种划分标准，后来逐渐被国际上所公认。1946年，风级的划分增加到18个等级，但实际上人们常用的还是以12级风为最大，13级以上的风出现极少。

风的术语

在风能的开发利用中，对风能资源的评价，往往要用一些关于风能的技术语言，这里选择几个术语略作介绍。

风速频率：风速时大时小，风力时强时弱，然而，风速在不断变化中，又有其重复性。人们把各种速度的风出现的频繁程度叫"风速频率"。换句话说，在一定时间内，相同风速出现的时数占其总时数的百分比，就是该风速的频率。它分为日频率、月频率和年频率。风速频率是描述风能资源的重要指标，是制定风能开发计划的基础资料。

风速变幅：平均风速是各瞬时风速的算术平均值。换句话说，平均风速10米／秒，可由瞬时风速8米／秒和12米／秒得到，但也可以由瞬时风速14.5米／秒和5.5米／秒得到。显然，风速的波动前者小于后者。我们把这种风速波动称为风速变幅。对于风能的利用来说，要求平均风速高,同时又希望风速变幅越小越好,以保证风力机平稳运行,便于控制使用。

风向频率:风向频率是指一定时间内某风向出现次数占各风向出现的总次数的百分比。在风能利用中,希望某一风向的频率越大越好,而不希望风向出现频繁变化。

风随高度的变化:人们在日常生活中,能够感受到风随高度的增加而加大的现象。楼顶的风比楼下的风要大,这是常识。通常我们从气象台站发出的天气预报中,听到的几级风的说法,实际上是指离地面10米高度的风速等级。在开发风能时,很多情况下往往要借助于气象资料分析计算。如果安装一台大型风力机,塔架高达几十米,这时就必须要考虑风速随高度变化带来的影响。

风能密度:如前所说,风是大气的水平运动。我们把空气运动产生的动能,称为"风能"。 空气在1秒钟时间里,以V速度流过单位面积产生的动能,称为"风能密度"。很显然,空气在1秒钟时间内,速度(V)越快,流过单位面积的动能越大,"风能密度"也越大。

风能转换:一般说来,几乎任何一种能在气流中产生不对称的物体,都能作为收集风能的装置产生旋转、平移或摆动等机械运动,从而产生可以利用的机械功。

风能的特点是密度非常稀薄,能力又受到时间、地形、高度等的限制,因此,开发、利用风能是很有学问的。经过长期探索,人们发现:第一,风能跟风速的三次方成正比,也就是说,风越大,风能也越大;第二,风能跟风轮叶片的回转面积成正比,即风轮的直径越大,所产生的风能也越大。

中国的风能资源分布

　　中国的风能资源主要分布在，东南沿海及附近的岛屿、内蒙古、甘肃走廊、三北北部和青藏高原的部分地区，这些地区风力资源极为丰富，其中某些地区年平均风速可达6～7米／秒，年平均有效风能密度（按3～20米／秒有效风速计算）在200瓦／平方米以上，3米／秒以上风速出现时间超过4000小时／年。按照有效风能密度的大小和3～20米／秒风速全年出现的累积时数，中国风能资源的分布可划分为风能丰富区、风能较丰富区、风能可利用区和风能贫乏区等四类区域。

　　风能丰富区：指风速3米／秒以上超过半年，6米／秒以上超过2200小时的地区，包括西北的克拉玛依、甘肃的敦煌、内蒙的二连浩特等地，沿海的大连、威海、嵊泗、舟山、平潭一带。

　　这些地区有效风能密度一般超过200瓦／平方米，有些海岛甚至可达

300瓦／平方米以上，其中福建省台山最高达525.5瓦／平方米，3～20米／秒风速的有效风力出现频率达70％，全年在6000小时以上。东南沿海地区的风能资源主要集中在海岛和距海岸10多千米内的沿海陆地区域。内蒙等地内陆风能丰富，主要因受蒙古和贝加尔湖一带气压变化的影响，春季风力大，秋季次之。

风能较丰富地区：指一年内风速超过3米／秒在4000小时以上，6米／秒以上的多于1500小时的地区，包括西藏高原的班戈地区、唐古拉山，西北的奇台、塔城，华北北部的集宁、锡林浩特、乌兰浩特，东北的嫩江、牡丹江、营口，以及沿海的塘沽、烟台、莱州湾、温州一带。该区风力资源的特点是有效风能密度为150～200瓦／平方米，3～20米／秒风速出现的全年累积时间为4000～5000小时。

风能可利用区：指一年内风速大于6米／秒的时间为1000小时，风速3米／秒以上超过3000小时的地区，包括新疆的乌鲁木齐、吐鲁番、哈密，甘肃的酒泉，宁夏的银川，以及太原、北京、沈阳、济南、上海、合肥等地区。该区有效风能密度在50～150瓦／平方米之间，3～20米／秒风速年出现时间为2000～4000小时。该区在中国分布范围最广，一般风能集中在冬春两季。

以上这三类地区大约占全国总面积2/3。

风能贫乏地区：除上述三区以外的所有区域都属于风能贫乏地区，主要集中在内陆山地和盆地。

风车的历史

素有"低地之国"之称的荷兰，早就利用风车排水、造田、磨面、榨油和锯木等。荷兰风车是中世纪欧洲风车的代表形式。从12世纪初风车从中东传入欧洲以后，在一些低地国家(荷兰、比利时等国)就开始用风车来排水。

荷兰的海岸线曲折绵延1075千米，但海堤长度达2414千米，是海岸长度的两倍。凭着这道长长的海堤，荷兰人不仅抵御了海潮的肆虐，并且向大海争来了大片新土地。在荷兰的海岸附近的田野上，形状各异的大小风车，不知疲倦地挥动风翼，带动唧筒活塞，把洼地里的水抽往纵横交错的沟渠、运河，排向海洋。如果没有海堤，荷兰的大片沃土将被海水吞没；如果没有千万座日夜不息运动的风车，那么即使围垦出新地，也会因无法排水而成为沼泽泥潭。

16世纪时，荷兰风车举世闻名，高峰时曾达到9000多台，其用途除低洼地排水之外，还用于榨油、造纸、锯木的动力。荷兰风车主要有两种类型，一种是柱型机房风车，当风轮调向对风时，整个机房同风轮一起回转；另一种是塔型机房风车，当风轮调向时，只有塔的头部跟着一起回转。这类古老的风车，直到今天仍可以在欧洲许多国家中看到。当然，它们的存在已不是用来排水，而是作为乡村田园风光的点缀，成为游览之物。

其实，中国的风车历史也很悠久，据史料记载，距今1300多年前就有"立帆式"（亦称"走马灯式"）风车了。这种风车在中国一直沿用了数个世纪，直到20世纪50年代，在天津塘沽和江苏无锡一带仍有许多风车在运行。江苏省盐城地区在20世纪80年代还有一台立帆式风车在工作。

立帆式风车的出现，一般认为源自风帆船的使用经验，风轮由船帆演化而成。它由木质主杆和6～8根支立杆构成桁架，垂直于地面，悬挂上6～8面类似船帆的布篷。各布篷的安装位置使得整个风轮运行时不受风向的限制，总朝同一方向旋转。当风力过大时，通过滑轮机构将布篷下落一段，减少风压，以保护风车不被吹坏。风车的主杆即为风轮的传动轴，通过下端的木齿轮连接提水机具。

中国使用最广泛的是"斜杆式"风车，直到今天，沿海地区农田和盐场中仍拥有上千台之多。这种斜杆式风车由6叶布篷组成，风轮直径6～7米，在8米／秒风速下功率为1471瓦左右。它的特点是结构简单，可通过增减布篷数量调节功率输出，人工调向。缺点是效率低，据测试，风能利用系数一般在0.10左右。今天，中国在传统风车的基础上，又有所创新。

第四章　海洋能

海洋中蕴藏着洁净的、可再生的、取之不尽的能源，包括潮汐能、波浪能、潮流能、海流能、海洋温差能和盐能。在这些能源中，潮汐能、潮流能来源于月球和太阳的引力，其他海洋能主要直接或间接来源于太阳的辐射。潮汐能、波浪能、海流及潮流能是力能；海洋温差能是热能；海洋盐度差能是渗透压能，又简称盐能。

这些海洋能都是可以再生的，只要日月在运转，风在不停地吹，太阳在闪光，江河在奔流，这些海洋能就会永无穷尽。尽管亿万年来，人类在地球这颗星球上生息繁衍，但是，绝大多数使用的能源仅仅来自陆地，只是近代才刚刚进行海上石油开发，真正的海洋能源基本上没有动用。

1981 年联合国教科文组织公布，全世界海洋能的理论可再生总量约为 800 亿千瓦，现在技术能实现的开发海洋能资源起码有近百亿千瓦。专家测算，无论是海洋能的理论可再生总量，还是现在实际开发能源资源总量，都远远超过这个数字。

中国海域辽阔，海洋能资源十分丰富，专家估计开发量约 4.6 亿千瓦，其中潮汐能 1 亿千瓦，海洋温差能 1.5 亿千瓦，盐度差能为 1.1 亿千瓦，波浪及海流能约 1 亿千瓦。海洋能总蕴藏量约占全世界的能源蕴藏量 5%。如果我们能从海洋能的蕴藏量中开发 1%，并用来发电的话，那么其装机容量就相当于我国现在的全国装机总容量。

就全球海洋能理论数值 800 亿千瓦来说，其中温差能为 400 亿千瓦，盐差能为 300 亿千瓦，潮汐和波浪能各为 45 亿千瓦，海流能为 10 亿千瓦，但难以实现全部取用，只能利用较强的海流、潮汐和波浪。因此，估计技术上允许利用功率为 64 亿千瓦，其中盐差能 30 亿千瓦，温差能 20 亿千瓦，波浪能 10 亿千瓦，海流能 3 亿千瓦，潮汐能 1 亿千瓦。

海洋能的潜在能量很大，这是因为海域广阔，海水量很大的缘故。然而，我们知道，海洋能的强度与常规能源相比，是非常低的。例如，海水温差小，海面与 500～1000 米深层水之间的较大温差仅为 20℃左右；潮汐、波浪水位差小，较大潮差仅 7～10 米，较大波高仅 3 米；潮流、海流速度小，较大流速仅 4～7 米／秒。

什么是海洋能

082

　　什么叫海洋能？目前还没有一个确切公认的定义，但顾名思义，由海洋中的海水所产生的能量，都可视为海洋能。例如，海水运动所产生的能量，即是海洋动力能；海水温度差异所产生的能量，叫做海洋热能；海水中生物产生的能量，称为海洋生物能。此外，还有以物质资源形式存在的其他能源，如海水中的铀、重水都是十分重要的能源。

　　海洋是一个庞大的蓄能库，海水中蕴藏的海洋能来源于太阳能和天体对地球的引力。只要有海水存在，海洋能永远不会枯竭，所以人们常说海洋能是取之不尽、用之不竭的新能源。

　　地球的总面积为 5.1 亿平方千米，海洋面积就有 3.61 亿平方千米，占整个地球面积的 71%，而陆地面积只占 29%。那么，世界上的海洋能有多少呢？至今还没有确切的、公认的数字。世界各国学者根据不同的计算方法和海洋资料，得到了不同的结果，它们之间的差别相当大。各国学者计算的结果尽管不尽相同，但是都认为海洋能是十分惊人的，甚至认为是取之不尽、用之不竭的。有人作过估算，如果赤道地区宽10千米、厚20米的表层海水所释放的热能，能够加以利用的话，就比全世界一年的能源消耗量还大。即使开发利用表中很小的一部分能量，也就可以满足全世界的能源需要了。

在能源大家族中，海洋能属于小字辈，开发利用的历史很短。自从20世纪60年代世界能源出现危机以来，人们才对海洋能发生了兴趣，加快了对海洋能开发利用的步伐，并取得了令人欣喜的进展。

目前，在各种海洋能的开发利用方面，多数处于试验阶段，少部分达到实际使用水平。其中潮汐能的开发利用走在最前面，开发技术基本成熟；潮汐能发电的规模开始从中、小型向大型化发展。海浪能的开发利用处在试验阶段，都处于中、小型规模；海水温度差能发电开始从小型试验阶段向中型过渡，发展势头迅猛；海水盐度差能的开发利用在海洋能中最落后，尚处在原理性研究和工程设想阶段。

海洋能的种类

084

　　海洋占地球总面积的71％，它蕴藏着巨大的能源，目前人们正加紧研究、解决开发中的一些技术问题。

　　什么是海洋能呢？它是指依附在海水中的一种可再生能源。海洋能包括潮汐能、潮流能、海底能、波浪能、海水温差能、海水盐度差能等。其中潮汐能与潮流能来源于月球、太阳引力，其他的海洋能都来源于太阳辐射。太阳到达地球的能量，大部分落在海洋上空和海水中，部分转化为各种形式的海洋能。

　　海水温差是热能。低纬度的海面水温较高，与深层冷水存在温度差，而储存温差热能，其能量与温差的大小与水量成正比。

　　潮汐能、潮流能、海流能、波浪能都是机械能。潮汐的能量与潮差大小成正比。潮流、海流的能量与流速平方和通流量成正比。波浪的能量与波高的平方和波动水域面积呈正比。

河口水域的海水盐度差能是化学能。入海径流的淡水与海洋盐水间有盐度差，若隔以半透膜，淡水向海水一侧渗透，可产生渗透压力，其能力与压力差和渗透流量成正比。

全球海洋能的再生量很大。根据联合国教科文组织所估计的数字，5种海洋能理论上可再生的总量约766亿千瓦。其中温差能为400亿千瓦，盐差能为300亿千瓦，潮汐和波浪能各为30亿千瓦，海流能为6亿千瓦。

但是，要想把全部海洋能都加以利用，几乎是不可能的。一般说来，只能利用较强的海流、潮汐和波浪，利用大降雨量地域的盐度差。而温差利用则受热机卡诺效率的限制。因此，技术上允许利用功率为64亿千瓦，其中盐差能30亿，温差能20亿千瓦，波浪能10亿千瓦，海流能3亿千瓦，潮汐能1亿千瓦。

世界海洋能的分布特点：海洋能分布在南纬30度至北纬30度之间的赤道带深水海域。潮汐能主要在潮差大而且有良好地形的港湾河口，著名的如美国、加拿大东部的芬地湾、英国塞汶河口、法国圣马诺湾、俄罗斯的白令海和鄂霍次克海及印度、澳大利亚、阿根廷的海岸等。

波浪能主要发生在南、北半球20度纬度以外的地区。北半球海浪峰值出现在大西洋、太平洋盆地东端的经度上，即英、美的西海岸。

流速较大的海流则发生在两大洋的西端，即著名的临近日本的黑潮和临近美国的墨西哥湾。强流发生在海峡。

浓差能主要分布在世界各大河流入海处。

海洋能开发历史

086

　　人类很早就利用海洋能了。11世纪左右的历史记载里有潮汐磨坊。那时在大西洋沿岸的欧洲一些国家，建造过许多磨坊，功率在20～73.5千瓦，有的磨坊甚至运转到20世纪20～30年代。20世纪初，欧洲开始利用潮汐能发电，20年代和30年代，法国和美国曾兴建较大的潮汐电站，没有获得成功。后来，法国经过多年筹划和经营，终于在1967年建成装机24千瓦的朗斯潮汐电站。此电站采用灯泡式贯流水轮发电机组，迄今运行正常。这是世界上第一座具有商业规模，也是至今规模最大的潮汐能和海洋能发电站。

　　1968年苏联建造了一座装机400千瓦的潮汐电站，成功地试验用沉箱法代替曾是朗斯电站巨大难题的海中围堰法。1984年加拿大建成装机2万千瓦的中间试验电站，用来验证新型的全贯流水轮发电机组。我国也以发电潮汐能著称于世，建成运行的小型潮汐电站数量很多，1985年建成装机3200千瓦的江厦潮汐电站。

温差发电，早在1881年，法国物理学家德阿森瓦提出利用表层温水和深层冷水的温差使热机做功。1930年法国科学家克劳德在古巴海岸建成一座开发循环发电装置，功率22千瓦。但是发出的电力还小于维持其运转所消耗的功率。1964年，美国安德森父子重提闭式循环概念，为海洋温度发电另辟蹊径。20世纪80年代以来，美国继续对温差发电进行试验。日、法、印度也拟有开发计划。总之，温差热能转换以其能源蕴藏量大，供电量稳定的优点将成为海洋能甚至可再生资源利用中最重要的项目。

波浪能的开发，可上溯到1799年。在20世纪的60年代以前，付诸实施的装置至少在10种以上，遍及美国、加拿大、澳大利亚、意大利、西班牙、法国、日本等国。1965年，日本益田善雄研制成用于导航灯浮的气动式波力发电装置，几经改进，迄今作为商品已生产1000台以上。20世纪70年代以来，英国、日本、挪威等国大力推进波力发电的研究。

传统利用海流行船，最早系统地探讨利用海流能发电是1974年在美国召开的专题讨论会上。会上提出管道式水轮机、开式螺旋桨、玄式转子等能量转换方式。20世纪70年代以来，美国、日本、英国、加拿大对海流和潮流的几种发电方式进行研究试验。

海洋盐度差能利用研究历史较短。1939年美国人最先提出利用海水和河水靠渗透压和电位差发电的设想。1954年发表第一份渗透压差发电报告。目前尚处于早期研究阶段。

我国海洋能及开发历史

　　我国海域辽阔，岛屿星罗棋布，每年入海河流的淡水量为2万亿～3万亿立方米，海洋能资源十分丰富。海洋能总蕴藏量约占全世界的能源蕴藏量5％。如果我们能从海洋能的蕴藏量中开发1％，并用于发电的话，那么其装机容量就相当于我国现在的全国装机总容量。

　　在1亿千瓦的潮汐能中，80％以上资源分布在福建、浙江两省。海洋热能分布在南中国海。潮流、盐度差能等，主要分布在长江口以南海域。华东、华南地区常规能源短缺，而工农业生产密集。至于众多待开发的边远岛屿更是不通电网，缺能缺水。我国海洋能的分布格局，正与上述需要相适应，可以就地利用，避免和减少北煤南运、西电东输，以及岛屿运送化石燃料的花费和不便，是很好的可以利用的资源。

　　我国海洋能利用的演进，建国以来大致经历过三个时期：

　　20世纪50年代末期，出现过潮汐电的高潮，那时各地兴建了40多座小型潮汐电站，有一座是陈嘉庚先生在福建集美兴建的，但由于发电与农田排灌、水路交通的矛盾，以及技术设计和管理不善等原因，至今只有个别的保存下来，如浙江沙山潮汐电站。除发电外，在南方还兴建了一些潮汐水轮泵站。

　　20世纪70年代初期，再次出现利用潮汐的势头。我国三座稍具规模的和一些小潮电，都是在这个时期动工的。国家投资的浙江江厦潮汐电站，设计总容量为3000千瓦，采用自行设计和制造有双向发电和泄水功能的灯泡贯流式机组。

　　20世纪80年代以来，我国海洋能开发处于充实和稳步推进时期。1985年江厦潮汐电站完成装机5台，发电能力超过设计水平，达3200千瓦。它的建成是我国海洋能发电史上的一个里程碑。另外盐度差发电方面研制成用渗透膜的实验室装置运转成功。海洋温差发电方面，已开始研制一种开式循环实验室装置。

　　我国沿海渔民很早就懂得利用潮汐航海行船，借助潮汐的能量推动水车做功。

　　据报道，中国最近已与欧盟的能源专家合作，准备在中国浙江舟山群岛建成世界上第一座能够并网发电的潮流能电站，以解决海岛地区的能源匮乏问题。

海上明月共潮生

　　到过海边的人，都会发现海水有周期性的涨落现象，每天大约涨落两次。海水的这种有规律的周期运动，就是大家熟知的海洋潮汐现象。古人把海水白天的上涨叫做"潮"，晚上的上涨叫做"汐"。合起来总称为"潮汐"。

　　是谁把海水掀起来又推下去呢？古代的科学家们早已洞察到潮汐和月球的吸引力有关。中国东汉时期著名的思想家王充说过："涛之兴也，随月盛衰。"甚至唐代张虚若（约660-720）在他的《春江花月夜》诗中就有"春江潮水连海平，海上明月共潮生"的诗句。

　　17世纪，科学家发现了万有引力定律，18世纪提出了潮汐的动力理论，使人们对潮汐现象的产生原因有了进一步的认识。潮汐是由于月球和太阳对地球不同地方的海水质点的引力不同而形成的。

　　地球对着月球的一面，由于距离月球较近，所受引力较大，海水必然有隆起，这比较容易理解。而背着月球的那面距离月球较远，海水也有隆起，这是什么道理呢？其实，月球对于地心的引力，是月球对整个地球的平均引力。对着月球的一点，由于所受引力大于平均引力，海水有奔向月球的趋势，所以要朝着月球方向隆起；而背着月球的一点所受的引力，显然小于月球对地球的平均引力，海水就有背离月球的趋势，所以要朝背着月球的方向隆起。

　　人们常说月球围绕着地球转，其实，这种说法并不全面，正确的说法是，地球和月球围绕着它们的共同质量中心（质心）互相绕转。在地球和月球互相绕转的过程中，一方面地球上各点要受到大小相等，方向一致，且都背向月球的"惯性离心力"的作用；另一方面，地球上各点还受到月球引力的作用，引力的方向当然都指向月球中心，而引力的大小则因到月心的距离不同而不同。

　　每逢农历的初一、十五就涨大潮，这是因为农历每月的初一（朔），太阳和月球位于地球的同侧，日月合力引力大，太阳潮和太阴潮同时同地发生，便形成大潮。每逢农历十五日，即望日，太阳和月球分别位于地球两边，你推我拉，两相配合，也形成大潮，因此有"初一、十五涨大潮"的说法。

　　可是，每逢上弦和下弦时，太阳和月球，对于地球成直角方向。太阳潮的落潮和太阴潮的涨潮，同时同地发生，互相抵消，减弱潮势，便形成小潮。所以又有"初八、二十三，到处见海滩"的说法。

潮汐的科学研究

近海岸处，海水呼啸澎湃。科学家在海水中竖起一根刻有刻度的尺杆，随时从尺杆上读出海面的高度，即从尺杆零点起算的潮位高度（潮高）。这种尺子称为水尺。进行这项工作叫验潮。海面在水尺上的读数随时间而变化，科学家每隔一定时间记下一个读数值，就可以得到一组时间与潮高的数据。如果以时间为横坐标，以潮高为纵坐标，就可以绘出形状与正弦曲线相似的曲线，这条曲线就称为潮位曲线，它反映了潮位变化的时间过程。

从图中可以直观地看出海面的变化，海面升到最高位置时，称为高潮，海面降到最低位置时，称为低潮。

从图中还可以看出，低潮过后潮位上涨，上涨速度由慢到快，到低潮和高潮的中间时刻涨得最快，然后上涨速度又由快到慢，一直到高潮。

这时，在一个短时间内，出现海面不涨不落的现象，叫做平潮。取平潮的中间时刻为高潮时，平潮时的潮高就称为高潮高；从低潮到高潮的过程，称为涨潮。高潮过后，潮位下落，下落速度由慢到快；同样，到低潮和高潮的中间时刻落得最快，然后又由快到慢，一直到低潮。这时，在一个短时间内，又出现海面不涨不落的现象，称为停潮。

取停潮的中间时刻为低潮时，停潮时的潮高，称为低潮高。从高潮到低潮的过程，称为落潮。停潮过后，海面又开始上涨。就这样，由涨潮转落潮，由落潮转涨潮，日复一日，年复一年，循环往复，海水涨落不停，这就是潮位随时间变化的基本轮廓。

人们习惯地把海面的一涨一落两个过程，叫做一个潮，或称为一个潮汐循环。在一个潮汐循环中，高潮与前一个低潮的潮位差，称涨潮潮差，与后一个低潮的潮位差，称落潮潮差。涨潮潮差与落潮潮差的平均值，就是这个潮汐循环的潮差。

涨潮所经过的时间，称涨潮历时。很明显，涨潮历时等于高潮时减去前一个低潮时。落潮所经过的时间，称为落潮历时。落潮历时等于后一个低潮时减去高潮时。涨潮历时和落潮历时之和，就是这个潮汐循环的周期。

有些地区（例如中国的温州港），大约在一天中，海面有两涨两落，也就是说有两个潮汐循环。一个潮汐循环的周期大约为半天，这种潮汐称为半日潮。而有些地区（如中国海南岛西部濒临北部湾的洋浦港），大约在一天时间内，海面只有一涨一落，即一个潮汐循环的周期大约为一天，这种潮汐称为全日潮。总之，各地的潮汐情况各不相同，可分为半日潮、全日潮和混合潮三大类型。

巧用潮汐能

　　海洋潮汐现象，无论发生在什么地方，总是从两个方面表现出来。一方面是海面的高度发生不断的变化，即海水垂直方向上的升降运动，时高时低的海面使海水具有位能。另外，汹涌的潮水，排空而来，即海水向水平方向的运动，流动的海水又产生动能。而海水的涨落和潮流的流动，永远是一起产生，一起存在，一起变化，不可分离的。

　　潮位的涨落和潮流的流动，使海水中蕴藏着巨大的势能（位能）和动能，这就是可以开发的一种海洋能——潮汐能。潮汐能是取之不尽的。据科学家估计，地球上的潮汐能有30亿千瓦，其中可以开发发电的为2200亿千瓦·时。地球上因潮汐涨落而没有被利用的能量比目前世界上所有的水力发电量还要多100倍！

　　潮汐能量的大小，受海岸地形、地理位置的影响。潮汐能在海水深度不大、狭窄的浅海港湾是相当可观的，而在三角洲河口的涌潮的能量就更为可观了。如果把举世闻名的钱塘江涌潮的能量用来发电，发电量可为三门峡水电站的二分之一。

很早以前，潮汐能就被沿海的人们用来车水、推磨、锯木和搬运重物。例如中国的太平洋沿岸和英国、西班牙的大西洋沿岸，有相当多的地方是利用涨潮落潮的水位差来推动磨车，碾磨谷物。

在中国福建泉州市的东北与惠安县交界的洛阳江上，有一座著名的梁架式古石桥——洛阳桥，它建于宋皇祐五年到嘉祐四年(1053-1059)。当我们游览参观这座至今保存完好的古桥时，一定会惊讶地提出，在900多年前的科学技术条件下，数十吨重的大石梁，是怎么架到桥墩上去的呢？说来很简单，当时的能工巧匠巧妙地利用了潮汐能。他们事先将石梁放在木浮排上，趁涨潮的时候，把木排驶入两桥墩之间。随着涨潮，潮水把石梁慢慢高举，当临近高潮石梁超过桥墩时，用不着花多少力气，就可以把石梁扶正对准桥墩，待落潮一到，大石梁就稳稳地就位于桥墩上了。泉州的大潮潮差可达6米以上，高举大石梁对于巨大的潮汐能来说，简直不费吹灰之力。

以上讲的是直接利用潮汐能的方式，也就是将潮汐中蕴藏的势能和动能直接转变为另一种形式的机械能做功。这样的利用方式，既不方便，又大材小用。所以利用潮汐发电，将潮汐能转变成电能，是当今和未来人们奋斗的目标。

海浪能

"乱石崩云，惊涛裂岸，卷起千堆雪。"

浩瀚的大海，时而白浪滔天，时而碧波荡漾，几乎没有平静的时候。大浪时，浪高数十米，黑黝黝的巨浪，像一座小山，铺天盖地而来。万吨巨轮像一叶扁舟，时而被海浪举得高高的，时而又被海浪轻轻地按下，颠簸于浪涛之中。

海浪按其发生、发展的不同，可分为风浪、涌浪、近岸浪等。

俗话说，无风不起浪。它说出了风浪产生的条件和原因，海岸中最常见的海浪是由风产生的。在风的直接吹拂下，水面出现的波动称为风浪。风对海水的压力以及与海面的摩擦力，是风浪产生的原动力，所以风浪的能量直接来源于风能。

风浪传到无风的海区或者风停息以后的"余波"，称为涌浪。那时海上虽然风和日丽，海面上却仍然波高浪大，形成了无风三尺浪的景象。

涌浪传到浅水区，由于受到水深变化的影响，出现折射、波面破碎和卷倒，海面白浪翻滚，海边浪花飞溅，这种浪称为近岸浪。

风大浪也大，这是人们都知道的常识。但是，风浪的大小是由各方面因素决定的。除了风速（风的大小），还和风时（风向某一方向吹刮的时间）、风区（风历经海区的吹程）有密切关系。

例如，中国河北省的海岸是东北到西南方向的。当刮东风或偏东风时，由于风来自北黄海，风时久，风区长，波浪就较大；当刮西风或偏西风时，尤其是初刮偏西风时，风时短，风区小，风浪得不到发展，波浪就较小，所以当地有"刮东风，浪滔滔；刮西风，波微微"之说。

有时，海上风和日丽，海面却是巨浪如山，原来经过一定方向的风长期吹刮的风浪，成长、发展到一定阶段后，风虽然停止了，浪却不能立即停止，仍然不断地在继续向前传播着。当传播到无风的海区后，这个海区也会产生波浪。"风停浪不停，无风浪也行"，就是指这种情况。

除了风作用下引起的海面波动外，还有由月球和太阳引潮力引起的潮波；火山爆发和海底地震等原因引起的海啸；由于海面气压的突然变化引起的气象海啸；以及出现在海水内部上下层密度不同界面上的内波等。

习惯上，我们所说的海浪，指的是风浪、涌浪和近岸浪这三种形式。归根结底，海浪是由风形成的，只不过在不同情况下表现形式不同而已。

海浪力气大无比

　　1894 年，在西班牙的巴布里附近，海浪冲翻重达 1700 吨的大岩块；1929 年，仅北大西洋和北海海区就因风暴而损失 600 艘大船。有人做过这样的测试：近岸浪对海岸的冲击力，大的每平方米可达 20～30 吨，最大可达 60 吨。巨大的海浪可把一块 13 吨的岩石抛到 20 米的高处，能把 1.7 万吨的大船推上岸去。

　　在 1967 年的阿以战争中，埃及关闭了沟通印度洋和大西洋的苏伊士运河，船舶不得不重新通过"咆哮的好望角航路"。1968 年 6 月，一艘名叫"世界荣誉"号的巨型油轮，装载着约 4.9 万吨原油，从科威特经好望角驶往西班牙。当驶入好望角时，遭到了波高 20 米的狂浪袭击，浪头从中间将船高高托起，船头和船尾悬在空中，船体变形了，甲板上出现了裂缝，接着，又一个狂浪从船头袭来，就像折断一根木棍一样，把大轮折成两段，沉没了。

　　但是，如果人类驾驭了海浪，它也是一种可观的能源。海浪的能量蕴藏在无数海水质点的运动当中，它可以科学地计算出来。对于波高为H（米），周期为T（秒），宽为1米的海浪来说，它具有的功率P（千瓦），可以用下面的公式计算出来：

　　$P = H^2T$（千瓦／米）

　　由公式得知，海浪的能量与周期（T）成正比，与波高（H）的平方成正比。周期长，波高高的海浪，能量就大，尤其波高对海浪能的影响最大。但是，这个公式是对于波高规则的海浪而言的，实际上海浪时高时低，大小不一，分布也杂乱无章，所以用有效波高（即$H^2 1/3$）来表示，更符合海浪的实际情况。公式改写为：

　　$P = 0.49H^2(1/3)T$（千瓦／米）

　　有了计算公式，就可以很方便地计算出海浪能。例如中国海区的有效波高为1米，周期为5秒，那1米宽的海浪可产生功率为2.5千瓦。如果有效波高为3米，周期为7秒，则1米宽海浪可产生的功率迅速增加到31千瓦。

　　据估计，全世界波浪能约为30亿千瓦，其中可利用的能量约占1/3。不同地域的波浪并不一样，南半球的波浪比北半球大，如夏威夷以南、澳大利亚、南美和南非海域的波浪能较大。北半球主要分布在太平洋和大西洋北部北纬30～50度之间。中国沿海的波浪能分布也是南大于北，年平均波高东海为1～1.5米，南海大于1.5米。据推算，在风力为2～3级的情况下，微浪在1平方米的海面上，就能产生20万千瓦的功率。利用海岸波浪能来发电，可以获得大量电能。

海水的温差

100

　　海水因为分布的地域不同，深度不同，其温度是有差异的。海水温度的高低，主要来自太阳的辐射多少。可以说海洋就是太阳热能的储存库。当然海水温度的升高还有其他原因，如地球内部供给的热，海水中放射物质的发热等。但对145亿亿吨的海水来说，它们的影响是微不足道的。

　　在地球赤道附近和低纬度地区，太阳直射的时间长，海水温度比较高。随着地理纬度的增高，太阳越来越斜射，海水温度也就越来越低。在北半球，夏季，太阳比较直射，海水温度上升；冬季，太阳比较斜射，海水温度就下降。在一天中，白天海水吸收太阳的辐射热，海水温度提高；晚上，不但吸收不到太阳的辐射热，海水中的热量还要散发一些到空气中去，海水温度就降低。海水表层，太阳直接照射，温度高；阳光照射不到深层，海水温度低。

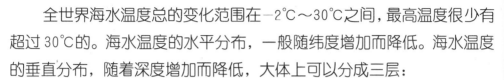

全世界海水温度总的变化范围在 −2℃～30℃之间，最高温度很少有超过 30℃的。海水温度的水平分布，一般随纬度增加而降低。海水温度的垂直分布，随着深度增加而降低，大体上可以分成三层：

第一层——均匀层。从海面至海面以下几十米甚至上百米，由于直接受到太阳的照射，水温较高，又由于风和海浪所引起的混合作用十分强烈，所以温度均匀，上下变化不大。

第二层——变温层。大约在几百米至 1000 米，那里不但太阳照射不到，而且海水运动的混合作用很弱，所以海水温度随水深的增加急剧下降。

第三层——恒温层。 大约在 1000 米到海底，那里的海水温度常在 2℃～6℃之间。超过 2000 米，海水温度保持在 2℃左右，变化很小，即恒定温度。

当高温海水量越大，与低温海水的温度差越大，海水温度差能也就越大。热带海洋表层都是高温海水，海洋深层的低温海水也很多，所以潜在的海水温度差能是非常可观的。根据今天的科学技术条件，利用海水温差发电要求具有 18℃以上的温差，因此在利用海水温度差能时，应该特别注意海洋表层和深层的温度差。在地球上，从南纬 20 度到北纬 20 度的辽阔海洋中，表层海水和深层海水的温度差极大部分在 18℃以上。中国的南海，表层海水温度全年平均在 25℃～28℃，其中有 300 多万平方千米海区，温度为 20℃左右，是海水温差发电的好地方。

海水的含盐度

　　常到海水里游泳的人，定会感到与在游泳池或江河湖泊中的不同之处。首先会觉得你的身子比在游泳池里容易浮起来；其次，偶尔喝进一口海水，会觉得又咸又苦。这是为什么呢？原来海水中有溶解的大量盐类。海水的含盐量高，顶托人体的浮力就大；溶解在海水中的盐类，有的是咸的，有的则是苦的。其中的氯化钠（NaCl），就是我们每天吃的食盐，是咸的。另一种叫氯化镁（MgCl），就是点豆腐用的卤水，是苦的。

　　海水中各种盐类的总含量一般为30‰～35‰，科学家通过计算得知，在1立方千米的海水中，含有氯化钠2700多万吨，氯化镁320万吨，碳酸镁220万吨，硫酸镁120万吨等，整个海水中含有5亿亿吨无机盐。

　　在海水中已经发现有80多种化学元素。海洋学家把这些元素分成三类，每升海水中含有100毫克以上的元素，叫做常量元素；含有1～100

毫克的元素，叫做微量元素；含有1毫克以下的元素，叫做痕量元素。海水中含有的主要元素是：钠、钙、钾、铷、锶、钡等金属元素，氯、溴、碘、氧、硫等非金属元素。它们在海水中主要以化合物的形式存在，以种类繁多的盐类物质存在。

世界各地海水中的含盐量都是一样多的吗？不是的，蒸发量大的海域，海水含盐的浓度大；反之，降水量多，或河水流入的海域，海水含盐的浓度就小。因而在有些特殊的海域里，盐度可以特别高，如亚洲与非洲交界处的红海，太阳辐射强烈，海水蒸发量很大，四周又都是沙漠，气温很高，降雨量又特别少，所以，那里的海水盐度就高达40‰，甚至高达43‰，成为世界盐度最大的海区。

有些海区的盐度又可能特别低，如降水和河流流入特别多的波罗的海北部的波的尼亚海，海水盐度降低到只有3‰，甚至1‰～2‰，成为世界海洋里海水盐度最低的海区。中国海区的海水盐度，由于河流入海很多，所以平均盐度只有32‰左右，有的海区甚至还要低。

在河流入海处的淡水和海水交汇的地方，有显著的盐度差，海水盐度差能最丰富，是开发利用海水中化学能最理想的地方。在大气中，冷空气和暖空气之间有一个倾斜的交界峰面，密度大的冷空气在下方，密度小的暖空气在上方。淡水和盐水之间与大气相似，也有一个倾斜的交界面，盐水密度大，沉在下面，淡水密度小，浮在上面，盐水像人的舌头一样伸入到淡水下部，所以有盐水舌之称。盐水和淡水的交界面，是海水盐度差能粉墨登场的地方，只有在这里，深含于海水中的化学能才会显出能量来。

盐度差能

为什么盐水和淡水之间存在着盐度差能呢？要回答这个问题，还得从渗透压说起。

渗透现象是十分普遍的现象，例如黄豆浸泡在水中会膨胀，就是由于水通过黄豆表皮（分子物理学上称这种表皮为半透膜）的渗透作用所造成的。

半透膜是什么？它在渗透作用中起什么作用？首先举例来说，动物的膀胱就是半透膜，它只容许水透过而不容许酒精透过；另外，如动植物的细胞膜也是半透膜；还有各种各样的人造半透膜，如以铁氰化铜沉淀于无釉陶瓷中制成的膜、胶棉膜等。

渗透现象就是指，在半透膜隔开的有浓度差别的同种溶液之间，产生低浓度溶液透入高浓度溶液的现象。

那么，什么是渗透压呢？当渗透现象发生后，我们在浓度大的溶液上施加一个机械压强，恰好能够阻止稀溶液向浓度大的溶液发生渗透作用，这个机械压强就等于这两种溶液之间的渗透压强，或称渗透压。

那么，海水与淡水之间的渗透现象和渗透压又是怎么样的呢？海水中溶解有很多盐，盐溶在水里会电离成带正负电荷的两类离子，比如氯化钠（NaCl），就电离为带正电荷的钠离子（Na^+）和带负电荷的氯离子（Cl^-）。如果海水和淡水隔着一层只允许水分子通过，而不让正负离子通过的半透膜，那么它们之间就会产生渗透现象，淡水向海水渗透，并且产生一个渗透压。

现在让我们来做一个简单的实验，就可以验证渗透现象和渗透压的存在。取一个长颈漏斗， 用一张像猪膀胱那样的半透膜将它蒙住，然后倒过来，使长颈向上，并灌入海水，再把它放进淡水槽内。这时在半透膜附近发生了有趣的现象，淡水中的水分子自由自在地进入海水，海水中的氯、钠离子则无法进入淡水。不过海水中的水分子也可以跑到淡水中去，但出得少进得多，所以过一会儿，漏斗长颈里的海水面升高了，海水的盐度下降。这个过程一直进行到海水升高的高度所产生的压力，等于海水和淡水之间的渗透压为止。海水升高的水柱就可以用来计量渗透压的大小。

有人做过测定，温度20℃时，盐度为35‰的标准海水，与纯淡水之间的渗透压高达24.8个大气压，相当于256.2米水柱高或250米海水柱高。可见，渗透压是个很大的压力。

渗透压的大小与温度、浓度有关。温度越高，渗透压越大；浓度差越大，渗透压也越大。在海洋中，海水与淡水的盐度差最大，它们之间的渗透压也就越大。这就是为什么河流入海处海水和淡水交汇的地方是海水盐度差能蕴藏最丰富的地方。

第五章　生物质能

生物质，是生物直接或间接利用绿色植物进行光合作用而形成的有机物质。

生物质能，包括农作物秸秆、薪柴，可做能源的巨藻、海带，以及通过微生物发酵制成的沼气和酒精，从热化学途径获取的合成气和甲醇，还有种植能源作物提取植物燃料油等，是世界上最广泛的一种可再生能源。据估计，每年地球上经光合作用生成的生物质，总量为1440亿~1800亿吨(干重)，相当于目前全世界总能耗的3~8倍。但是，人们实际利用的生物质能量远没有这么多，而且利用效率也很不高。据统计，生物质能至今只占全球总能耗量的6%~13%，其中发展中国家消耗量比较大，占总量的30%左右。

目前发展生物质能的主要任务，一是广泛种植能源作物，包括种植薪炭林，含油量高的作物、石油树等，二是加强生物质的汽化、液化、微生物发酵、热化学处理，将生物质能转化为化学能和电能，提高能源效率。

回眸人类历史，生物质能曾是最古老的能源。在距今50万年以前，生活在北京西南周口店地区的北京猿人的岩洞里，发现了6米厚的积灰层，至今还能从灰烬中找到烧焦的柴荆木炭、朴树种子，从而证明，促进人类进化的第一把火便是来自薪炭。在50万年的漫长岁月里，薪炭一直作为最主要的能源为人类做贡献。

直到1860年，薪炭在世界能源消费中还占据首位，其比例高达73.8%，后来，随着煤炭、石油和天然气等矿物能源的大量开发、使用,薪炭直接用做能源的比例才逐渐下降。1910年,在世界能源消费构成中,薪炭的使用下降为31.7%,而煤炭等的使用则增长到63.5%。就是这样，今天在一些国家的广大农村，薪炭仍然是人们经常使用的主要能源。在世界各地，由于煤和石油的消耗过快，出现能源危机，再加上煤炭等矿物能源对环境的污染严重，所以薪炭等生物质能源的种植、开发、利用，又重新引起人们的重视。不过，重新利用薪炭能，决不会使用原始薪炭林，而是人工栽种快速生长的林木，或含油高的植物。在使用方面，也不会直接燃烧薪炭能源，而是经过汽化、液化等加工处理，充分利用其热能。

生物质能

　　生物质包括所有的动物、植物和微生物，以及由这些生物产生的排泄物和代谢物。

　　我们知道，各种生物质都有一定的能量，例如动物中牛、马会耕地、拉车，帮助人类劳动，通常称它们为畜力；植物的茎秆或叶子，可以当柴烧，人们称它为薪柴；还有我们肉眼看不见的微生物，它的能量也不小，例如酵母菌能酿酒制醋，制取沼气。所有这些都是我们生活中的平常之事。然而把生物质当做一种能源，把它看成是最广泛的一种可再生能源，最清洁无污染的能源，则不是我们每个人都知道的。

　　从人类历史发展来看，生物质确实为人类提供了基本的燃料——薪柴。在自然界中，植物的叶绿素在阳光照射下，经过光合作用，把水和二氧化碳转化为碳水化合物一类的化学能，这种化学能就是生物质能的基本来源。然后，人们取薪柴为燃料，把这种化学能又转变成热能。

科学家们估计，地球上蕴藏的生物质可达1.8万亿吨，而植物每年经太阳的光合作用生成的生物质总共为1440亿～1800亿吨（干重），大约等于当今世界能源消耗总量的3～8倍。若包括动物排泄的粪便，其数量就更大了。但是，目前人们实际利用的生物质能量还非常小，而且利用效率也不高，据粗略估计，最多也不过占世界总能耗的6%～13%。

全世界约25亿人的生活能源的90%以上是生物质能，其中主要是经济比较落后的发展中国家，例如中国约占总能耗的30%，在非洲有些国家则高达60%，因为发展中国家的农村人口多，他们的生活燃料主要靠烧薪柴，甚至连牛马羊粪也被烧掉。

在能源大家族中，生物质能是最富有的成员，据国际能源局的调查报告显示，地球上年产的生物质能是人类年消费能源总量的上千倍。生物质能包括沼气能、巨藻能、海带能、森林能源、能源作物等。这些能源都是可再生能源，取之不尽，用之不竭，又清洁无污染，价廉物美，必将受到人们的青睐。

生物质能的开发和利用大致有以下几个方面：农作物秸秆和薪柴的直接燃烧；通过微生物发酵制取沼气和酒精；从热化学途径获取合成气和甲醇；种植能源作物，提取植物燃料油。

生物质能的转化

生物物质，像秸秆、柴草等，在一定的条件下可以转化成气体燃料。例如，通过热化学转化，可以生成煤气，通常人们叫木煤气。而通过生物化学转化，又能生成另外一种可以燃烧的气体，这就是人们常说的沼气。

无论是木煤气还是沼气，都可以用来做饭、取暖、烘干和作为动力，既方便，又干净，同时还能大幅度地提高热能利用率，节约其他能源。因此，生物物质汽化技术的应用和发展，是解决农村能源短缺的重要途径之一，也是广大农村能源建设的重要方面。

生物质的热化学转化，使用的原料是柴草和各种农作物的秸秆。把原料装在汽化器里，在高温、缺氧和汽化剂的作用下，就能分解，产生出一氧化碳和氢气。每立方米木煤气燃烧的时候，可以发出3765～11 300千焦热。

这种热解产生的木煤气，因为它里面还含有二氧化碳和水蒸气等不能燃烧的杂质，所以是一种不纯净的低热值气体燃料。不过可以用来烧锅炉、取暖、烘干和烧水做饭。如果经过净化处理，它也可以做内燃机的燃料，用来做动力和发电使用。

目前科学家正在研究，如何使这种低热值的木煤气转变成中、高热值的煤气，设想用氧或水蒸气做汽化剂，使柴草秸秆汽化，然后再把所产生的气体净化，除去二氧化碳、硫化氢和水蒸气等杂质，来代替天然气使用。或把净化后的煤气转化成甲醇，也就是木精来使用。

生物质的生物化学转化，则是利用厌氧微生物在缺少氧气的条件下，把生物质转化成沼气。

沼气的原料除了含木质素比较多的东西以外，还包括粪便、作物秸秆、杂草树叶、水生植物等。通常能把一半左右的有机物转化成甲烷和二氧化碳的混合气体。沼气的热值比较高，每立方米可以达到20 920～25 104千焦，是一种适合用作炊事和动力的优质燃料。同时，沼气池中剩下的渣子或污泥还是一种优质的有机肥。

从中国生物能资源来看，目前每年生产庄稼秸秆2.3亿吨，柴草1.1亿吨，粪便2.1亿吨。也就是说，采用热化学转化的办法，可以利用的资源是3.4亿吨；采用生物化学转化的办法，可以利用的资源是4.4亿吨。这些资源就是一般自然风干的生物物质，其含碳在40%以上，在热解法制气的3.4亿吨资源中，碳素物质至少有1.3亿吨。根据理论计算，1千克碳可以得到1.87立方米的一氧化碳，也就是得到热能23 807千焦。1.3亿吨碳就可以得到3096万亿千焦热量，每个农村人口每天可以得到5250千焦热能。如果采用生物化学转化方法，则可获得沼气990亿立方米，2070万亿千焦热能。

生物质能用场多

　　各种生物质不仅可以提供燃料，而且将为人类提供机器部件、生活用品、各种化学原料。各种能源作物将是下列产品的原料资源。

　　生物质发电。美国1992年用木材和其他植物原料（统称生物质能）发电，相当于6个核电站。大部分小型生物能电站约为标准燃煤电站规模的10％，且采用较低级技术锅炉和蒸汽机发电。这些改变都是对各种环境压力的响应。

　　生物质发电新型技术才起步，各国的能源开发组织正在研究燃烧整体树发电新工艺技术。例如，夏威夷太平洋国际高科技研究中心建了一座小型工业汽化器，把甘蔗废料转换成在涡轮机中燃烧发电的气体。

　　甲醇。许多公司计划开发汽化器技术，生产干净燃烧的醇基燃料甲醇，夏威夷市太平洋国际高科技研究中心，根据市场需求，在20世纪90

年代中期建了一座能发电并能生产甲醇的联合汽化器装置，到2000年汽化器技术已能适于生产各种化工产品。

乙醇。1992年美国谷类作物生产乙醇约38亿升。尽管这一数字小于美国年耗运输燃料1%，但完全能建成乙醇工业。在巴西美丽的圣保罗市街头，酒精加"油"站已开始营业。通过几种真菌微生物的联合发酵，可以将许多种包括野生植物在内的各类植物淀粉等，经糖化后转变成液体燃料酒精。巴西盛产甘蔗、木薯，为微生物发酵法生产酒精，创造了得天独厚的有利条件。巴西决定大规模地生产以酒精为动力的汽车。目前巴西每年用甘蔗生产乙醇150亿升，足以满足其运输燃料需求的20%。

纤维素是生物质的最大的仓库，如何利用纤维素和其他发酵原料，转化成乙醇，这将是开辟一个巨大燃料源的工程。目前科罗拉多州格尔登国家再生能源试验室正在进行研究。

生物原油。一些国家已研制出一种有价值的新技术，可以把能源作物和有丰富纤维素的废料转换成生物原油。这种甜腻带色，具相容性的浓浆液是制造各种变质化学品的原料，包括生物降解塑料、黏合剂及氧化汽油，如三甲基丁基醚，它能降低一氧化碳排放和其他污染。将来，再造汽油可基本上替代现用多种污染型汽油。

广泛利用生物能源做燃料，有许多使用化石能源做燃料不可比拟的优点，例如产生的二氧化碳更少，城市的空气更洁净，地球更适于生存；可以替代石油、煤和天然气等燃料，另外还可使农村经济复兴等。

什么是沼气

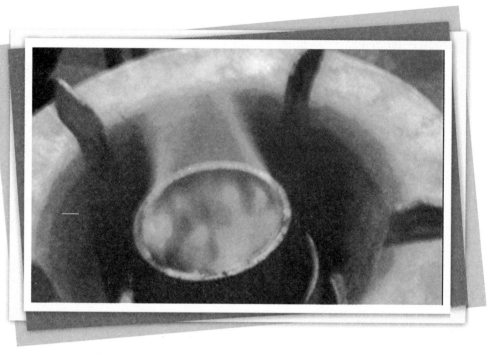

　　人们经常看见湖泊、池塘、沼泽里，一串串大大小小的气泡从水底的污泥中冒出来。如果有意识地用一根棍子搅动池底的污泥，用玻璃瓶收集逸出的气体，那么就可以做一个有趣的化学小实验了。将点燃的火柴很快接近瓶口，瓶口立即升起一股淡蓝色的火焰。再将一个广口瓶罩在火焰上，待一会就拿下来，于是你观察这个广口瓶壁上附有小水珠。如果再将石灰水倒入广口瓶里，石灰水就会变得浑浊起来。

　　这个实验反应，说明了两个问题：从湖沼中收集来的气体，是可以燃烧的气体；这种气体燃烧时生成水和二氧化碳，所以气体成分中一定含有氢(H)和碳(C)。

　　实际上，人和动物的粪便，动植物的遗体，工业和农业的有机物废渣、废液等，在一定温度、湿度、酸度和缺氧的条件下，经过嫌气性微生物发酵作用，可以产生可燃气体。因为这种气体最先是在沼泽、池塘中发现的，所以人们称它为"沼气"。

化学分析结果表明，沼气的化学成分比较复杂，一般以甲烷（CH_4）为主，含量为60％～70％；其次是二氧化碳（CO_2），含量为30％～35％；还有少量的氢气（H_2）、氮气（N_2）、硫化氢气（H_2S）、水蒸气（H_2O）、一氧化碳（CO）和少量高级的碳氢化合物。但值得注意的是，最近几年有人从沼气中发现有少量（约万分之几）的磷化氢（H_3P）气体，这是一种剧毒气体，它也许是沼气中毒的重要原因之一。

沼气的主要成分甲烷，在常温下是一种无色、无臭、无味、无毒的气体。但沼气中的其他成分，如硫化氢却有臭蒜味或臭鸡蛋味，而且还有毒。

甲烷是一种比空气轻的气体，密度是0.717克／升，甲烷在水中的溶解度很低，因此可以用水封的容器来储存它。在常温下甲烷为气态。

甲烷是一种简单的有机化合物，是良好的气体燃料。甲烷在燃烧时产生淡蓝色的火焰，并放出大量热量。在标准状态下，1立方米纯甲烷的发热值为39 300千焦，1立方米沼气的发热值为2092～27 196千焦。当空气中混有5.3％（浓度下限）至15.4％（浓度上限）的甲烷时，点燃时能爆炸。沼气机就是利用这个原理推动汽缸内的活塞做功的。

甲烷的化学性质非常稳定，在正常状态下，甲烷对酸、碱、氧化剂等物质都不发生反应，但容易跟氯气（Cl_2）反应，生成各种氯的衍生物，如一氯甲烷（CH_3Cl），二氯甲烷（CH_2Cl_2）等，把甲烷加热到1000℃以上，它就会分解为碳和氢。

薪炭林

薪炭林，又叫能源林。营造薪炭林的目的就是为了提供薪柴和木炭，解决能源需要。种植薪炭林可一举三得，即生产效益、生态效益和社会效益。

目前有些国家（如美国）已经采取集约经营林地的方式，培育优良速生高产树种和苗木，采用新的造林工艺和农业园艺的耕作措施来发展薪炭林。他们在经过耕作的土地上，密植树苗，每公顷土地种数千株，并且运用施肥、浇灌等经营措施，使树木迅速成长。幼树经过2～10年的生长，然后轮伐做薪炭用。采伐时就像割玉米青贮饲料一样，有的收割时切成木片，使用很方便。采伐时也可以留下树根，以待日后萌发新绿，成为真正的再生能源。

发展薪炭林，必须选择优良的速生树种，根据当地气候条件和土壤情况，进行合理种植。对外来树种要驯化，先进行一定面积的试种，避免大面积急速推广。应特别重视改良当地树种，使其达到生长快、产量高的要求。

近年来，不仅发展中国家种植薪炭林，许多发达国家也开始种植薪炭林。目的不完全在于解决直接的生活用能，而是解决某些生产的辅助能源，甚至用木材发电，以尽量减少对石油和煤炭的依赖。例如美国，土地广阔，除将肥田沃土用于种植粮食和纤维质作物外，还大量利用非耕地发展林业，其中就包括薪炭林。

实践表明，目前世界上比较优良的薪炭树种有：加拿大杨、意大利杨、美国梧桐、红桤木、桉、松、刺槐、冷杉、柳、沼泽桦、乌桕、梓树、任头树、火炬树、大叶相思、牧豆树等。近来中国发展的适合做薪炭的树种有：银合欢、柴穗槐、沙枣、旱柳、杞柳、泡桐树等，有的地方种植薪炭林三五年就见效，平均每 667 平方米薪炭林可产干柴 1 吨左右。

选择薪炭林树种有以下原则：

生存能力强。耐土壤盐碱、耐旱，不怕昆虫、动物啃食，能抗不利环境因子。

速生快长。薪炭材产量高，轮伐期短。

萌生力强。一次造林，常年采伐。

木材热值高。木材的比重是衡量热值的显著标志，对于烧木炭用的薪炭材尤其重要。

未来的农村，人们把发展薪炭林同发展农业、牧业、养蜂业、养蚕业、烤烟、制砖、制陶、制茶等结合起来，使森林能源永续不衰，取之不尽，用之不竭。木质燃料不含硫，燃烧的剩余物是理想的肥料。

巨藻

118

　　巨藻，可生长在大陆架海域，也可生长在湖泊沼泽中。巨藻称得上是植物界的巨人。成熟的巨藻一般有70～80米长，最长的可达500米长。巨藻可以用于提炼藻胶，制造五光十色的塑料、纤维板，也可以用来制药。

　　近年来，科学家对巨藻进行了新的研究，发现它含有丰富的甲烷成分，可以用来制取煤气。这一发现是引人瞩目的。美国有关方面乐观地估计，这一新的绿色能源具有诱人的前景。将来，它甚至可以满足美国对甲烷的需求。

　　巨藻可以在大陆架海域进行大规模养殖。由于成藻的叶片较集中于海水表面，这就为机械化收割提供了有利条件。巨藻的生长速度是极为惊人的，每昼夜可长高30厘米，一年可以收3次。美国科学家在美国西海岸某地几海里以外的地方培育一种巨型海藻，这种海藻一般植根于海底岩石，生长极其迅速，一昼夜能长60厘米长。

最近，日本中央研究所的生物化学研究所等组成的科研小组宣布，他们成功地从一种淡水藻类中提取出了石油。这种藻类在吸收二氧化碳进行光合作用的过程中体内蓄集了石油。在研究过程中发现，这种藻类不仅二氧化碳的吸收率高，而且其石油生成能力远远超过预想的程度。提取出的石油不仅发热量高，而且氮、硫含量低。

淡水藻广泛分布在世界各地的湖泊沼泽中。将数十至数百个藻体集中在一起，便可形成约0.1毫米的藻块。2克重的藻块在10天内就可增生到10克，其中约含5克的石油。将这种藻块过滤收集在一起，与特殊的溶剂搅拌混合，除去溶剂后就只剩下石油。这种石油的发热量可与重油相匹敌，而且其氮的含量只是重油的1/2，硫的含量仅为重油的约1/190。燃烧后的灰中含有丰富的钾，可用来做肥料。如果以北海道60%的面积来培养这种藻类，全日本排出的二氧化碳就可被其光合作用全部吸收，所提取的石油则相当于目前日本的原油进口量。

只是这种藻类对杂菌敏感，提取较为困难。同时，培养这种藻类达到生产水平必需要有宽广庞大的培养池。这种热值高、公害低的能源魅力极大，科研课题负责人村上信雄说："打算用湖泊进行大量培养等方法进一步探索实用化的途径。"

目前，美国能源学家正在试验用巨藻提炼汽车用的汽油或柴油。如果此项试验成功，这种取自海生植物的汽油，售价会低于现今的一般汽油。

石油树

　　"石油树"或"石油植物",即是指那些可以直接生产工业用"燃料油",或经发酵加工可生产"燃料油"的植物的总称。例如,现在已经发现的大量可直接生产燃料油的植物,主要分布在戟科,如绿玉树、三角戟、续随子等。这些石油树能生产低分子量氢化合物,加工后可合成汽油或柴油的代用品。

　　据专家研究,有些树在进行光合作用时,会将碳氢化合物储存在体内,形成类似石油的烷烃类物质。如巴西的苦配巴树,树液只要稍作加工,便可当做柴油使用。

　　在南美洲亚马逊河的原始森林中,有一种叫苦配巴的乔木,其直径可达1米,如在它的树干上钻一个直径5厘米的孔,两小时左右就会流出近2000克金黄色的油状树液。这种树液不经任何处理,就可直接作为柴油机汽车的燃料，且排出的废气不含硫化物，不污染空气。因此，人们称苦配巴为"柴油树"。目前巴西正在试种这种树，以期获取大量的"柴油"。

在菲律宾也有一种能产生可燃树汁的野生果树，叫杭牙树。其果实、树根和树干都能分泌出一种含有烯和烷成分的树液，用火柴一点就能燃烧。

最近，澳大利亚的科学家从桉叶藤、牛角瓜两种多年生的野草中，提炼出了类似于石油的燃料。这两种草生长速度快，一年可以收割好几次。如果澳大利亚人工大面积栽培这种野草，提炼出的燃料足可抵消该国至少1/4的石油需求量。

中国也有能源树。在海南岛的原始森林中，有一种能产"柴油"的大乔木——油楠树，树高30多米，直径可达1米以上。当其长到10米多高、树径达半米左右时，即开始产油了。从油楠树的锯面流出的这种油状树液，每株可达25千克，最多的可达50千克。这种油经过滤后，可直接作为发动机的燃料。

目前还发现许草本植物也富含石油，如美国的黄鼠草、乳草、蒲公英，澳大利亚的桉叶藤、牛角瓜等，是遍身都含"石油"的宝草，堪称世界未来的能源宝库。

从植物中，不但可提取出"石油替代产品"，而且从某些植物中还可提取出金属矿产。

北美洲的科学家在富含硒元素的土地上，播种一种叫紫云英的草。这种植物的根扎得很深，大面积播种后，经收割、晾晒，可从中提取硒元素，平均每公顷紫云英可以获取2500克的纯硒。

能源作物

　　数百年以来，煤和石油一直在燃料领域里唱"主角"。试想，煤和石油是古代植物形成的，也就是说煤和石油的老"祖宗"既然都是远古时代的植物，那么能不能种植能源作物，像收割庄稼一样来"收获"石油呢？这将是21世纪普遍关注的一个新问题。

　　世界上许多国家都开始"石油植物"及其栽种的研究，并通过引种栽培，建立起新的能源基地——"石油植物园"、"能源农场"。专家预计，在21世纪初"石油植物"的栽培、种植已由几个国家的科学试验，转向为许多国家的普遍种植，能源农场将如雨后春笋般的兴起。

　　建立"能源农场"的设想，是在一种特殊情况下提出来的，1973年，石油输出国组织成员国临时停止向美国出口石油，因此，美国教授卡尔想出了建立"能源农场"这个主意，20多年来，这个设想已在不少国家开始试验。

"能源农场"里，种植最理想的生物燃料作物，应具有高效光合能力。从当前情况看，芒属作物可算是一种理想的生物燃料作物。"芒"，原产于中国华北和日本，这种植物具有许多优点：

生长迅速：它一个季度就能长3米高，所以当地人称它为"象草"。

生长泼辣：这种作物从亚热带到温带的广阔地区到处都能生长，它在强日照和高温条件下生长茂盛，对肥水利用率高。

燃烧完全："芒"在收割时比较干燥，植株体内只含有20%～30%的水分，这种作物在生长过程中从大气中吸收多少二氧化碳，燃烧时就释放多少二氧化碳，不增加大气中的二氧化碳含量。

成本低：芒属作物所产生的能源相当于用油菜子制作的生物柴油的两倍，其投入还不及种植油菜的1/3。

产量高：据试验，这种生物燃料作物，每公顷产量高达44吨。如果1公顷平均年收获12吨石油，可比其他现有任何能源植物都高。

在"能源农场"，农民们利用高科技，例如基因工程、细胞工程、微生物工程等促使能源作物向高速生长、高产油率的方向转化。在未来的高科技农场中，农民用种植的能源作物，生产电力，生物降解柴油，运输燃料乙醇，重整氧化汽油、塑料、润滑油、胶合剂及其他化学品。

世界上一些发达国家已把每年用于石油进口的资金，投向种植能源作物生产生物燃料的农场。

第六章　　地热能

在中国著名的地质学家李四光看来，打开地下热库(开发地热资源)，同开采煤和石油，有着同等重要的意义，因为地热是可供人类利用的一种新能源。他告诉人们："地球是一个庞大的热库，有源源不绝的热源。"李四光曾在《地热》一书中写道："从钻探和开矿的经验看来，越到地下的深处，温度确实越来越高。……在亚洲大致40米上下增加1℃(中国大庆20米，房山50米)，在欧洲绝大多数地区是28~36米增加1℃，在北美绝大多数地区为40~50米增加1℃。假如，我们假定每深100米地温增加3℃，那么只要往下走40千米，地下温度就可以到1200℃……"

有人计算过，假若把地球上储存的煤，燃烧时放出的热量当做100的话，那么地球上储存的石油只有煤的3%，核燃料才为煤的15%，而地热则为煤的1.7亿倍。李四光看到了这个惊人的数字，他大声疾呼："我们现在不注意到对地下储存的庞大热能的利用，而把地球表层给我们留下来的珍贵遗产，像煤炭这样大量由丰富多彩的物质集中构成的原料，不管青红皂白，一概当成燃料烧掉，这是无可弥补的损失。"

地球的确是一个庞大的热库，地热能比化石燃料丰富得多，它大约是世界上油气资源所能提供能量的5万倍，每天从地球内部传到地面的能量，就相当于全人类一天使用能量的2.5倍。不过，我们不可能把地球内部蕴藏的热能全部开发出来。

人们把蕴藏在地球内部的热能叫做地热。一般说来，地热能可以分成两种类型：一是以地热水或蒸汽形式存在的水热型；另一种则是以干热岩体形式存在的干热型。干热岩体热能是未来大规模发展地热发电的真正潜力，但是因为它的勘探和开发利用工艺都比较复杂，所以过去和现在，利用的还是水热型地热资源。

地球是个庞大的热库

地球内部蕴藏的热量是一种巨大的能源，这同煤、石油、天然气及其他矿产一样，也是宝贵的矿产资源。

根据科学测试了解到，从地面向下，随着深度增加，地下温度不断上升。一般来说，在地球浅部，每深入100米，温度升高3℃左右，到35千米左右的大陆地壳底部，温度可达500℃～700℃；在深为100千米的地幔内部，温度达到1400℃；到2900千米以下的地核，温度可以达到2000℃～5000℃。有人估算过，整个地球大约拥有12 × 10³⁰焦热量，然而，人们是无法将这么庞大的热能全部开发出来的。美国科学家估算了地表10千米以内所含热量为2554 × 10²³～2554 × 10²⁶焦，这一数字范围的下限，相当于目前世界上煤炭储量所能提供热量的总和的2000多倍。地热能的这个总量，有人认为则相当于煤炭总储量的1.7亿倍。因此，地热能量有最大、面广、干净、无污染、成本低、不间断，以及利用范围大的特点，是一种很有前途的待开发能源。

就目前所知，地温的观测深度可达5000～7000米（即接近地球半径的1/1000），但绝大多数地温观测深度不超过3000米。所以，在现阶段对地温变化规律的认识，也仅限于这个深度。

在地质学里，将地壳中地热的分布分为3个带，即可变温度带、常温带及增温带。可变温度带，由于受太阳辐射热的影响，其温度有着昼夜、年度、世纪，甚至是更长的周期变化，其厚度大多数为15～20米；常温带，其温度变化幅度等于零，一般在地下20～30米；增温带，在常温带以下，温度随深度增加而升高，其热量主要来自地球内部热能，温度随深度的变化以"地热增温率"（即每深100米温度的增加数）来表示。各地的地热增温率差别很大，但一般每深100米，平均温度升高3℃，所以把这个增温率称为正常的地热增温率。

假如按正常地热增温率来推算，80℃的地下热水，大致埋藏在2000～2500米的地方，显然要从这样的深度打井取水，无论从技术还是经济方面考虑都是不合算的。为此，人们要想获得地表以及地壳浅部的高温地下热水，就必须在地壳表层寻找"地热异常区"。我们通常所指的地热，主要就是来自这些"地热异常区"的地下热能。

在"地热异常区"，地壳断裂发育、火山爆发、岩浆活动强烈，地下深处的热能上涌，如果有良好的地质构造和水文地质条件，就能够形成富集热水或蒸汽的具有重大经济价值的"热水田"或"蒸汽田"（统称地热田）。

地球内热的来源

128

　　地球开始形成的时候，曾经是个非常炽热的行星，在漫长的地质年代里，地球表面逐渐冷却，但内部仍然保存了大量的热能。

　　现在人们还无法了解地球深处这个高温高压的神秘世界。据估计，地球的地心（即地核）是温度高达5000℃的熔岩。火山爆发时，地球内部几十千米深处的岩浆，经过长途跋涉来到地面时，仍有1000℃以上的高温。美国石油工人曾钻了一口创纪录的深井，钻杆伸到地下9000多米时，就被数百摄氏度的矿物质卡住而无法转动，再也无法向下钻进了。

　　地球在太空中转动时，每时每刻都在向宇宙散布热量，那么，如此巨大的热量释放出来，靠什么来维持？地球内热又是从哪里来的呢？

　　目前，地球科学家普遍认为，地球内部放射性元素衰变所释放的能量是地球内热的主要来源。

什么是放射性元素？放射性元素怎样衰变呢？在人们已经发现的100多种元素中，大多数元素是"安分守己"的，然而少数元素则不然，它们总是不断自发地放射出几种射线，最后才变得"安分守己"，而成为稳定元素。也就是说，有些元素的原子核很不稳定，可以自行抛射出粒子来，这些高速度的粒子流，被称为射线，所以人们把这种元素叫做"放射性元素"。这个放射变化的过程，在一般物理化学条件下，总是不停地、稳定地、有规律地进行着。这个过程叫做蜕变。

不同的放射性元素有各自的蜕变速度，如放射性元素铀（U-235），每年将有十四亿分之一蜕变为铅（Pb-207）；铀（U-238）每年有九十亿分之一蜕变为铅（Pb-207）；放射性元素钾（K-40）每年有二十九点四亿分之一蜕变为钙（Ca-40），或有二百三十六亿分之一蜕变为氩；铷（Rb-32）每年只有九百四十亿分之一蜕变为锶（Sr-87）。这些放射性元素蜕变时，都要释放出大量的热能，而成为地球内部热能的来源。

地球化学研究证实，放射性元素铀、钍、钾，多分布集中在地壳及上地幔顶部，而且多储存于花岗岩石中，在基性岩石，超基性岩石中却很少。有人作过概略统计，花岗岩石的生热量约占生热总量的70%，基性岩约占20%，超基性岩约占10%。

地球内部不同深度的热源也是不同的。0～100千米为50%；100～200千米为25%；200～300千米为15%；300～400千米为8%；深于400千米为2%。

除此之外，地球内热的来源还来自重力分异热、潮汐摩擦热、化学反应热等，但都不占主要地位。

地热能的类型

据科学家们的研究，地热资源有以下三种类型：

水热型地热资源。地热区储存有大量水分，水从周围储热岩体中获得了热量。地热水的储量较大，约为已探明的地热资源的10%，温度范围从接近室温到高达390℃。地下热水往往含有较多的矿物盐分和不凝结气体。

水热型地热资源可分为低温型和高温型两类。低温型一般为50℃～150℃（也有人把100℃～150℃称为中温地热）。这是常见的地热能，开发比较便利，用途广泛。天然温泉就属于这类。

世界上这种类型的地热能比较普遍，仅中国就已知有3000多处。高温型水温在150℃以上，个别的高达422℃（意大利的那布勒斯地热田）。高温型多与火山或年轻的岩浆侵入体有关，一般具有强烈的地表热显示，如水热爆炸、高温间歇喷泉、沸泉、喷气孔、沸泥塘、冒气地面等。中国的西藏、云南一带的地热具有这种特征。

　　干蒸汽型地热资源。地壳深部的热水，由于地下静压力很大，水的沸点也升高。高温水热系统处于深地层中，就是温度达到300℃，也是呈液体状态存在。但这种高温热水一旦上升，压力减小，就会沸腾汽化，产生饱和蒸汽，往往连水带气一道喷出，所以又叫"湿蒸汽系统"。如果含有饱和蒸汽的地层封闭很好，而且热水排放量大于补给量的时候，就会出现连续喷出蒸汽，而缺乏液态水汽，这就称为干蒸汽。如意大利的拉德瑞罗地热田。这类地热能比较罕见，但利用价值最高，一旦发现，往往立即可用于汽轮机发电。现有的地热电站中约有3/4属于这种类型。世界著名的美国加利福尼亚州盖塞尔地热电站、意大利的拉德瑞罗地热电站都属于这种类型。

　　干热岩型地热资源。地热区无水，而岩石温度很高（在100℃以上）。若要利用这种热能，需凿井，将地上水灌入地热区，使水同灼热岩体接触，形成热水或蒸汽，然后再提升到地面上来使用。美国墨西哥湾沿岸的地热区就是这种类型。

　　据美国的试验，干热岩的开发可分两类：一类与年轻的火山或岩浆侵入体相关，岩体埋藏浅，地温较高，易于开发，但分布有局限性；另一类是与地球的传导热流相关的干热岩，埋藏深，地温也低，开发难度大，但分布较广。

全球地热资源的分布

132

地热资源，则是指地壳表层以下，到地下3000～5000米的深度以内，聚集15℃以上的岩石和热流体所含总热量。据估计，全球地热资源的总量约为2554×10²⁴焦，相当于全球现产煤总发热量的2000多倍。我国著名的地质学家李四光曾指出："开发地热能，就像人类发现煤炭、石油可以燃烧一样，是开辟了利用能源的新纪元。"

有人认为，既然地球内部的热能这么丰富，只要往地下深处一打钻，到处都可以发现地热，并且可以开发使用了。其实不然，就全球来说，地热资源的分布是很不平衡的。地热异常区在全球的分布是有规律的。现在的研究成果表明，它主要分布在地壳板块构造的接触带上。

板块构造是什么？板块构造学说是当代地球科学的新学科。它认为：地球表层的岩石圈不是一个整块，而是由几个不连续的厚约100千米的小块镶嵌而成的，这些小块称为"板块"。板块与板块之间由缝合线彼此连接。最初，人们把全球分为6大板块，即亚欧板块、非洲板块、美洲板块、太平洋板块、南极洲板块、印度洋板块。后来又从中分出16个小板块，如中国板块、土耳其板块等。每个板块都在软流层上作整体运动，就像南极的巨大冰山在海洋中运动一样，每当两板块相碰撞时，一块被压入另一块下面，被迫向下俯冲，深度可达700千米（地幔处），另一块则向上仰冲，升腾成高山。

地热就分布在两板块之间的缝合带上及其附近。环球性的地热带主要有下列4个：

环太平洋地热带。它是世界最大的太平洋板块与美洲、欧洲、印度板块的碰撞边界。世界许多著名的地热田都分布在这个带上。如美国的盖瑟尔斯、长谷、罗斯福；墨西哥的塞罗、普列托；新西兰的怀腊开；中国的台湾马槽等。

地中海—喜马拉雅地热带。它是欧亚板块与非洲板块和印度板块的碰撞边界。世界第一座地热发电站意大利的拉德瑞罗地热田就位于这个地热带上；中国西藏羊八井及云南腾冲地热田也在这个地热带上。

大西洋中脊地热带。这是大西洋板块开裂部位。冰岛的克拉弗拉、纳马菲亚尔和亚速尔群岛等一些地热田，就位于这个地热带。

红海—亚丁湾—东非裂谷地热带。它包括吉布提、埃塞俄比亚、肯尼亚等国的地热田。

中国的地热资源

中国蕴藏着丰富的地热资源。据最新统计，目前已知的热水点有3430个（包括温泉、钻孔和矿坑热水），遍布全国。可以说在我们的脚底下，有着一个广阔无比的地下热水海洋。中国的地热资源大致呈两大密集带：一个是东部沿海带，另一个是西藏、云南带。

中国地热资源的特点是类型较多，有近期火山和岩浆活动类型；有褶皱山区断裂构造类型；还有中新生代自流水盆地类型。它们的形成主要受构造体系和地震活动的影响，与火山活动密切相关。按分布特点可划分为6个地热带：

藏滇地热带。包括冈底斯山、念青唐古拉山以南，特别是沿雅鲁藏布江流域，东至怒江和澜沧江，呈弧形向南转入云南腾冲火山区。这一带，水热活动强烈，地热显示集中，是中国大陆上地热资源潜力最大的地带。这里发现温泉700多处，其中高于当地沸点的热水区有近百处。有人认为，西藏可能是世界上地热最丰富的地区。羊八井地热田发电站，位于拉萨附近，1985年已向拉萨开始送电。

台湾地热带。台湾地震十分强烈，地热资源非常丰富，主要集中在东、西两条强震集中发生区。北部大屯复式火山区是一个大的地热田，自1965年勘探以来，已有13个气孔和热泉区，热田面积50平方千米以上，已钻热井深300～1500米，最高温度290℃，地热流量每小时350吨以上，热田发电潜力可达8～20万千瓦。

东南沿海地热带。包括福建、广东、浙江、江西和湖南的一部分地区。当地已有大量地热水露头，其分布受北东向断裂构造的控制，一般为中低温地热水，福州市区的地热水温度可达90℃。

山东—安徽庐江断裂地热带。这条地壳断裂很深，至今还有活动，初步分析该断裂的深部有较高温度的地热水存在，目前有些地方已有低温热泉出现。

川滇南北向地热带。主要分布在昆明到康定一线的南北向狭长地带，以低温热水型资源为主。

祁吕弧形地热带。包括河北、山西、汾渭谷地、秦岭及祁连山等地，甚至向东北延伸到辽南一带。该区域有的是近代地震活动带，有的是历史性温泉出露地，主要地热资源为低温热水。

火山爆发的祸与福

　　"火山"这个词，最初来源于地中海上的意大利黎巴里群岛中的一个火山岛。后来凡是有类似现象的地方都称为火山。

　　地球上的火山通常有三类，即死火山、休眠火山和活火山。死火山是指那些保留火山形态和火山物质，但在人类历史时期和现今从未活动过的火山，这类火山在地球上的分布最广泛；休眠火山是指在人类历史时期有过活动，但现今处于"休眠"状态的火山；活火山则是指现今仍在活动的火山。目前已知地球上的活火山约有500多座，其中有1/10是海底火山。

　　火山爆发，既很壮观，又很凶猛；既带来了灾害，又带来了火山资源。"祸兮福所杞倚"，在火山爆发这一自然现象中体现得十分清楚。

　　火山爆发给人类带来的灾害已是众所周知的了，例如火山灰弥漫空中，污染空气，毁坏植被农田，引起火山地震、旋风和海啸等。然而，火山爆发也给人类带来宝贵的资源。首先，火山是科学考察的天然宝库，火山喷出物带来了地球深部的信息，为人类探索地球内部的奥秘打开了门路。其次，世界上许多火山区，如日本的富士山、美国的黄石公园、意大利的维苏威、法国的维希、中国的五大连池火山群和长白山天池等，都成了著名的公园和旅游疗养胜地。第三，火山岩中还蕴藏着许多有用的矿产，如黄金、玛瑙、冰洲石、沸石等。火山岩、浮岩、火山灰、火山渣等，都是很好的建筑材料。

火山爆发为人类带来了地热资源、温泉、矿泉等。火山活动带来的大量地热能，可供作发电之用，在寒冷地区可直接用作房屋采暖、农作物温室供热、家庭用热水，以及农牧渔业产品的烘干和加工。此外，火山能给人以任何其他地貌景观所无法超越的美感。火山温泉区常常成为美丽动人的游览胜地。世界上许多有名的观光胜地，如美国的黄石公园，日本的阿苏火山、富士山、箱根火山、别府温泉市，新西兰的怀腊开，冰岛各火山与地热景观区、瀑布等，均与火山形成的地热、温泉有关。

中国台湾的火山温泉很多，遍布南北各地，有80多处，最负盛名的有北投温泉、阳明山温泉、关子岭温泉和四重溪温泉，被誉为台湾四大温泉区，除供人们游览、沐浴外，还可医治各种慢性疾病，为家庭取暖和农业温室供热。在工业上因温度稳定，也用来干燥木材等。

温泉的形成

温泉是一种温热或滚烫的泉水。著名的美国地热学家怀特于1957年认为"温度高于当地年平均气温的泉叫做温泉或热泉。一般来说，5℃或5.6℃就算显著"。目前科学界认为，温泉的最低温度不得少于20℃，否则不能称为温泉。德国和英国的标准为高于20℃，日本则为25℃，中国一般也将25℃作为温泉的下限温度。

温泉是怎样形成的呢？温泉是大气降水渗入地下，在深处加热以后再上升溢出地表形成的。在地下深处，为地下水加热的因素较多，下面分别加以叙述。

地热梯度的变化，可使地下水增温。依地壳的平均地温梯度，按每深1000米地温增加30℃计算，地下水只要到达3000米以上深度，水温就可上升到90℃以上。如果到达5000米以上深度，水温则可能高达150℃

左右，由此可见，深循环对高温热水生成的重要性。另外，如果地温梯度增大为正常的3倍，即90℃／千米，则地下水只要深入地下1000米以上，就可能达到100℃左右；如果深入地下2000米以上，水温就可能接近200℃，由此可见异常的地温梯度更有利于高温热水的生成。

那么异常地温梯度又是怎样形成的呢？

火山喷发地区，常形成地温梯度的增高。地下深处的高温灼热的硅酸盐熔融物质（即岩浆），在地壳薄弱地带、断裂明显地带、构造运动剧烈的地带集中，远移，甚至在某些地区大量集中，从而形成岩浆库，这样就会使岩浆库周围的岩石、地下水的温度升高，便可造成该地区地温发生异常，从而构成异常地温梯度。这些热水到达地表便成为高温温泉，这是活火山区和第四纪（最近180万年内）火山区时常出现高温温泉的原因。

另外，新造山带、新变质区和快速上升的山脉，也常常遍布温泉，原因是这些地区也都具有破碎的岩层、理想的地质构造、起伏较大的地形，以及异常的地温梯度。

然而，如果具备上述条件而缺少降雨和丰富的地下水，结果仍然无法形成地下热水和温泉，所以"水"也是温泉形成的一个必要条件。

虽然说温泉是大气降水渗入地下，在深处加热以后再上升溢出地表形成的，但大气降水并非处处都像图中所示，都那样顺利地下渗而进行深循环加热，再上升出露成泉，因此温泉并非到处可见。要形成温泉，必须有适当的地形、地质条件，如多孔隙或裂隙的岩层、断裂构造的存在、高山深谷起伏较大的地形、充足的降水量与地下水，以及异常的地温梯度等。

温泉的类型

地球上的温泉很多，无论是温泉本身的温度，还是它所含有的化学成分，以及它冒出地表时的形态，都是多种多样的。因而，温泉类型的划分就随其标准不同而不同，如按温度可分为沸泉、热泉、温泉等；按矿物成分又可把温泉分为单纯泉、碳酸泉等。

温度不同的温泉。自然界中，泉水的温度高低悬殊，一般说来，当泉水的温度高于当地全年平均气温时，就称为温泉；低于当地全年平均气温时，就叫冷泉。

温泉的温度，有高有低，大小不同。有的温泉不冷不热温暖宜人。而不少温泉却是高温灼人的，人们根据温度的高低，对温泉进行划分。

沸泉：泉水温度等于或高于当地水的沸点，海拔高的地区，水的沸点低于100℃，一般地区水的沸点就是100℃。

热泉：泉水温度在沸点以下，45℃以上；

中温泉：泉水温度在45℃以下，年平均气温以上。

世界上的温泉，水温多为热泉和中温泉。中国的热泉和中温泉占温泉的90%以上，分布也十分广泛。大多数温泉疗养院都在热泉和中温泉附近修建。

成分不同的温泉。根据泉水中溶解物质的不同，有人将温泉划分为单纯泉、碳酸泉、重碳酸盐泉、硫酸盐泉、食盐泉、硫黄泉、放射性泉、铁泉等。

单纯泉：水温多在25℃以上，水中所含矿物质很少，每升水中含有各种矿物质的总量低于100毫克。这种温泉在中国分布广泛，著名的西安华清池就是此类温泉。

碳酸泉：在1升水中含游离二氧化碳达750毫克的泉水。中国大地上碳酸泉很多。根据温度的不同又分低温碳酸泉和高温碳酸泉。中国辽宁、吉林、黑龙江、内蒙古、甘肃，以低温碳酸泉为主，泉温在25℃以下，泉水清凉甘辛，很像汽水，所以又称天然汽水泉；在云南、四川、西藏、广东、台湾及新疆等地，以中、高温碳酸泉为主，泉温在25℃以上。

重碳酸盐泉：每升水中含重碳酸盐多达1000毫克以上。

硫酸盐泉：每升水中含硫酸盐在1000毫克以上。这类泉多出现在火山地区。

食盐泉：即氯化钠型温泉，每升含氯化钠在1000毫克以上。

硫黄泉：水中含有硫黄成分的泉水，一般每升水中含量在1毫克以上。

此外，还有硫化氢泉、放射性泉，每升水含有20埃曼以上的氡气，即为放射性氡泉。

奇异的温泉显示

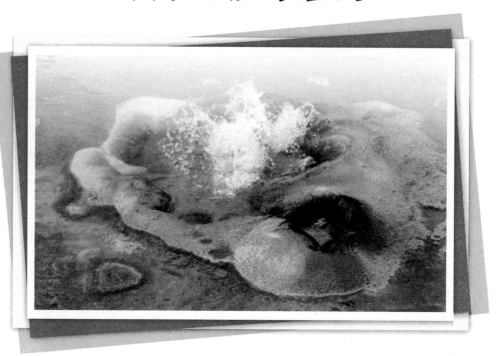

　　自然界中的温泉形态各异，有的喷涌而出，呼啸不已，有声有色，极为壮观；有的间歇式喷发；有喷气的；也有连气带水一起喷出的；还有的喷出泥浆子，有喷气孔，还有硫质气孔等。

　　从喷发形式上看，有喷泉、间歇喷泉、爆炸泉、沸泥泉等，若以它喷出的气、水成分看，有的以冒气为主，有的以冒水为主，还有水、气二者兼有的两相泉。

　　泉水冒出地面以后，由于水量和地势的不同，又分别形成了热水河、热水塘、热水湖、热水沼泽等。

　　喷泉，顾名思义，是水、气以喷射的方式冲出地面，喷出高度由几米到十几米以上。中国西藏念青唐古拉山南麓，拉布藏布河右岸的南木林、毕毕龙高温喷泉，其主泉口泉水喷出高度达10米，气势磅礴，非常壮观。这里喷泉的水温多在沸点以上，只有少数喷泉水温低于沸点。间歇喷泉和爆炸泉是极为罕见的显示类型。在美国黄石公园内，约有200个间歇喷泉，其中最著名的间歇泉就是老实泉了。它信守时间，每隔64.5分钟喷射一次，每次喷射历时4.5分钟，水柱高达56米，喷出水量4.164万升。老实泉喷发前水温高达95.6℃，这里海拔较高，92.8℃的水就沸腾(开水)。

沸泥泉是由于高温热流将通道周围的岩石蚀变成黏土，然后与水汽一起涌出地面而形成的一种高温泥水泉。有的泉水冲力较小，黏土被带到泉口后，堵塞在泉口四周，而水汽流量又难以冲开这些黏土，只是由于水汽的冲力，使黏土呈上下鼓动状态，好似沸腾的面糊。这种沸泥泉在中国西藏的错美县布雄朗古，萨迦县的卡乌地区都有。

以冒气为主的喷气孔和硫质气孔，也是重要的显示类型。喷气孔指气体通过明显的孔隙逸出地表，如果无数小的冒气孔密集在一起，便形成冒气地面。若气孔比较大，即形成气洞、气穴，洞、穴往往呈喇叭形或瓮形，直径约有数米，深度多在2～5米不等。硫质气孔系指喷出的气体含有浓烈的硫黄味，这种气体沿裂隙喷出地表时，在冒气孔周围常形成硫黄晶体。

热水河、热水湖、热水塘、热水沼泽，实际上都是由众多密集的泉眼涌出大量泉水后汇集而成，这在中国的西藏比较多见。以热水湖为例，羊八井热水湖面积达7350平方米，最深为16.1米，水温在45℃～57℃，是少见的大型热水湖。这些大面积的地热显示，说明地下有极为丰富的地热资源可供开发利用。

第七章　核能

核电，就是把原子核裂变反应中释放出来的巨大热能从回路系统带出，产生蒸汽，驱动汽轮发电机运转发电。利用核能发电的电站，称为核电站。

目前已建成运转的核电站，其基本工作原理是：核燃料（例如铀－235）在反应堆内进行核裂变的链式反应，产生大量热量，由载热剂（水或气体）带出，在蒸汽发生器中把热量传给水，将水加热成蒸汽来驱动汽轮发电机发电。载热剂把热量传给水后，再用泵把它送回反应堆去吸热，循环应用，不断地把反应堆中释放的原子核能引导出来。核电站中的反应堆和蒸汽发生器相当于火电站中的锅炉，所以有人把它称为"原子锅炉"。核电站的其他设备与火电站相同。

核电站所有反应堆都应该包括核燃料、减速剂和载剂三个部分。

核燃料能够发生核裂变的物质，如铀－235 等，称为核燃料。有的反应堆用天然铀做核燃料，有的反应堆则用铀－235 含量较高的浓缩铀做核燃料。

减速剂的作用是使裂变反应中产生的高速中子尽可能快地减速，成为容易引起铀－235 裂变的热中子。常用的减速剂有水、重氢中的氘，重水是一种很理想的减速剂，此外，石墨也是很好的减速剂。其实，水和重水也还起着载热剂的作用。

依靠载热剂的循环吸收裂变反应放出的热量，使反应堆的温度不致增高，并把热量传输到反应堆外，以供应用。载热剂可用压缩气体、水或钠蒸气等。

核电站反应堆的种类很多，有以气体为载热剂，石墨为减速剂的气冷反应堆；有以重水为载热剂和减速剂，以天然铀为燃料的重水堆；有以普通水做载热剂和减速剂，以低浓缩的铀－235 为燃料的轻水堆。轻水堆有沸水堆和压水堆两大类型。在这两种堆型中，又以压水堆的数量为最多。

在核电发展过程中，可分为三个阶段，目前正处于裂变能利用的初级阶段，即热中子堆核电站；不久的未来，将进入裂变能利用的高级阶段，即快中子增殖堆阶段；最终阶段将是聚变堆阶段的聚变反应堆，目前正在研究探索试验当中，估计会在数十年之后应用。

初识核反应

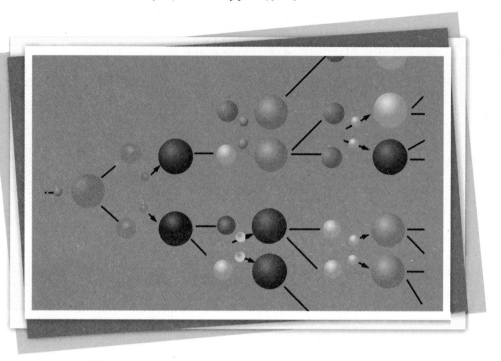

科学家贝克勒尔发现，铀元素的原子核经过14次的放射，原子核的结构有了改变，铀元素的原子也就变成铅元素的原子了。这个过程叫做核反应。天然放射性现象，就是天然发生的核反应过程。

核反应与普通化学反应不同，它使参加反应的原子结构遭到破坏，原子核改变，生成新的元素的原子。但是天然的核反应过程没法用人工控制，放出射线的强弱和多少，没有什么办法可以改变它。那么能不能实现人工核反应，也就是采用人工的方法，把一种原子核变成另一种原子核，把一种元素的原子变成另一种元素的原子呢？

1919年，英国物理学家卢瑟福首先做到了这一点。他用一种高速的氦原子核去轰击氮原子核，结果得到了两种新的原子——氧和氢的原子。这一成功大大鼓舞了人们实现人工核反应的信心。由于中子不带电，与带正电荷的原子核之间不存在电的排斥力,比较容易钻到原子核里去,所以用中子来引发原子核反应,一定要比用带正电的氢电子核等方便得多。

1938年12月,人类终于完成了科学史上的一项重大发现,德国科学家哈恩等经过6年的实验,用中子做"炮弹"去轰击铀原子核,铀原子核一分为二,被分裂成两个质量差不多大小的"碎片"——两个新的原子核,产生了两种新元素,同时释放出惊人的巨大能量。这种原子核反应又叫裂变反应,放出的能量就叫裂变能,人们通常所说的原子能或核能,指的就是这种裂变能,即物质原子发生核反应时所放出的能量,这种能量要比化学能(如煤、石油、天然气燃烧发生化学反应时所产生的能量)大几百万、几千万倍。

后来,科学家们还发现,当用中子去轰击铀原子核时,一个铀原子核分裂的同时,会产生两三个新的中子,新的中子又引起新的裂变,这样发展下去,裂变反应就能持续进行,并且像雪崩似的愈演愈烈。这种裂变反应,叫做链式反应。链式反应使得核燃料连续"燃烧"。例如1千克铀中就含有2.4亿亿亿个铀原子,它们如果全部裂变,产生的热量就有761亿千焦,同燃烧2600吨标准煤所放出的热量相当。

裂变反应进行的速度极快,如果不加控制,一块铀在百万甚至千万分之一秒时间内,就会释放出巨大的能量,这就是核爆炸。原子弹就是根据这个道理制造的。1千克"铀炸药"抵得上1.8万吨烈性炸药TNT的爆炸力。原子能既然是一位威力强大的"能量巨人",用它们来做能源不是很好吗?

原子核能

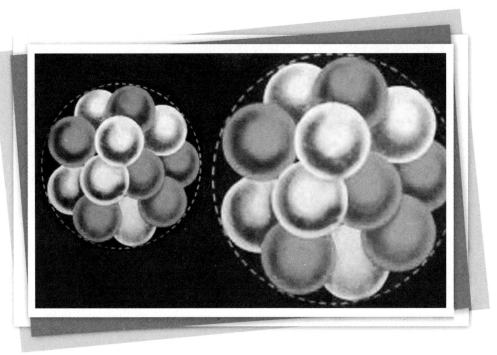

原子核能，是原子核发生变化时释放出来的能量。铀、钍、氘等核燃料中蕴藏着丰富的原子核能。

放射性元素蜕变是原子核能的释放过程。放射性物质的原子核无须外力的作用，就能自发地放出某些高速粒子（如电子、氦核、光子等）并形成射线。放射性元素主要有铀－238、铀－235、钍－232、钾－40等。地球内的这些放射性元素蜕变，每年平均产生 21×10^{17} 千焦的热量。

任何物质的原子都是由电子和原子核构成，而原子核本身又是由核子——质子和中子构成的。化学能就是原子中外层电子运动状态变化时释放出来的能量，例如煤的燃烧是一种化学反应，是煤中碳原子的外层电子和空气中氧原子的外层电子，聚积在这两个原子中间生成二氧化碳分子的过程。原子核则不然，例如，氮原子核有7个质子和7个中子，在 α 核子

（即氦原子核）的"轰击"下，变成了氧原子核——有8个质子和9个中子。显然核子的运动状态在反应中发生了显著的变化。伴随着这种变化，有大量能量释放出来，人们就称它为"原子核能"。而把原子中由于外层电子运动状态变化时放出来的能叫"化学能"或"原子能"。

原子核中核子间的相互作用力要比原子之间的相互作用力大得多，原子核能也要比"化学能"大得多。1克氮变成氧时释放的能量相当于燃烧 4 吨煤时所得的能量。

要取得原子核能，必须使原子核的运动状态发生变化。原子核的变化基本上有"放射性"和"核反应"两种类型。核反应有三种形式："裂变反应"、"聚变反应"和一般的核反应。

放射性蜕变和一般的核反应都能释放出大量的能量，然而人们很少直接利用它。放射性元素有固定的"半衰期"。例如镭的半衰期是1620年，即每克镭必须经过1620年，才有半克镭通过放射性蜕变而转变成其他物质，剩下的半克镭再经过1620年，又有一半（即0.25克）镭通过蜕变而转变成其他物质，这是原子核发生变化的过程，原子核能就伴随着这一过程而被释放出来。一般的核反应，不能自发发生，只有当供给以"激发能"时，反应才能发生。

一般情况下，所需的"激发能"比从核反应中获得的能量还要大，而停止供应"激发能"时，反应就立即停止。

从原子核能的发现到原子核能的利用，其间相隔了整整半个世纪。天然放射性现象是1896年发现的，到1919年，人们第一次实现了人工核反应。1939 年，在发现"链式反应"后，人们才有可能用人工方法来释放潜藏在原子核中的能量。

核反应堆

  1942年12月2日，科学家们聚集在美国芝加哥大学体育场底下的一个临时实验室里。这里有一个刚建成的核反应堆，他们正在进行控制链式反应的试验。这项试验是美国制造原子弹的曼哈顿计划的主要内容之一。

  这个核反应堆宽9米，长近10米，高约6.5米，重1400吨，其中装有52吨铀和铀的化合物。

  负责这项试验的是意大利科学家费米。核反应堆的全部输出功率不过200瓦。但正是这个小小的核反应堆，却翻开了能源科学史上新的一页，向全世界宣告原子能时代的到来。

  那么，什么是核反应堆呢？简单地说，它是使原子核裂变的链式反应能有控制地持续进行的装置，是我们利用原子能的一种最重要的大型设备。反应堆的核心部分是堆芯，原子核裂变的链式反应就在这里进行。组成堆芯的核燃料被做成棒状或块状的燃料元件。用中子一"点火"，链式反应开始，核燃料就马上"燃烧"起来了。

裂变过程中产生的中子，多数都飞得很快，快中子不容易引起新的裂变。怎么办呢？可以用水、重水、石墨、铍等慢化剂来减慢它们的速度。慢中子跑得慢，被铀原子核吸收的机会多，这就容易引起新的核裂变。链式反应不仅需要"点火"，而且必须具备一定数量的中子才能维持。堆芯的周围包上一层由水、石墨、铍等做成的反射层，把那些企图"溜"出反应区的中子反射回去，这样可以减少中子的损失，缩小反应堆的体积。

控制链式反应速度的途径是控制中子的生成量，办法很简单，只要在反应堆里安置一种棒状的控制元件就行了。控制棒用能强烈吸收中子的镉、硼、铪等材料制作。把控制棒插进反应堆深一点，吸收更多的中子，链式反应规模就减小，反应堆的功率就降低；相反，把控制棒从堆内拉出一点，吸收中子减少，链式反应的规模扩大，反应堆的功率也就跟着上升了。这就是调节控制棒在反应堆里的位置深浅，就能控制反应堆的运行。

反应堆工作了，链式反应进行着，核燃料裂变放出的能量使反应堆的温度迅速上升，这就要用冷却剂来冷却。水、重水等液体，氦、二氧化碳等气体，以至金属钠等常温下的固体，都可以用做冷却剂。使用冷却剂既可降温，也是为了把反应堆生产出来的能量带走，所以冷却剂又叫载热剂，通过载热剂带出的热量可以送到有关用户去利用。载热剂从反应堆里出来后，通过热交换器把热量传递给水，水受热变成蒸汽，蒸汽就可以推动汽轮机发电，这叫原子能发电，或称核电。

核燃料铀从哪里来

　　地壳内铀的含量占0.0002％，据地质学家估算，总赋量有几十万亿吨到百万亿吨，在自然界可以各种化合物的形态赋存在地壳（包括海水、动植物）中。由于铀具有很强的迁移特性，寻找有工业价值的铀矿床是相当复杂和艰难的工作，一般要经过普查揭露、地质勘探、储量计算等几个阶段。

　　普查的目的是：查明地质背景和成矿条件，寻找异常点、带，研究矿化特征和分布规律，为揭露评价工作提供揭露点和远景分布。普查工作方法有两种：铀矿地质填图和 γ 测量找矿法。γ 测量找矿法是目前寻找铀矿的主要方法。它是应用放射性测量仪器，对穿透能力极强的 γ 射线的放射性活度进行测量来发现铀矿的。

　　铀矿石的种类很多。如晶质铀矿、非晶质铀矿、沥青铀矿、芙蓉铀矿、变铜砷铀云母、千碳铀矿、绿碳钙铀矿、碳钠钙铀矿、盈江铀矿、水丝铀矿、斜方钛铀矿、红铀矿、碳镁铀矿和硅钙铀矿等。

铀矿床的特点是矿体形态复杂，面积和厚度小，多数在岩石的压碎带、破碎带、剪切和强力裂隙中赋存，造成开掘和支护复杂化。铀又常与其他金属共生，形成复合矿，采矿时要考虑综合利用。例如，中国铀矿采冶工作者，就开发了独具特色的煤型铀矿的采冶工艺及设备。

铀矿物和铀矿石具有放射性，在开采过程中必须要有预防氡气和放射性微尘的设备，保护工作者的人身安全。

铀矿开采与其他金属矿的开采基本相同。大致可分为露天开采、地下开采和溶浸法三种。近年来使用溶浸法开采铀矿的国家比较多。溶浸包括堆浸和地浸两种，它的原理是将溶剂喷洒或注入到矿石中，有选择性地溶解矿石中的有用组分，再将溶液抽出处理，该法也称化学采矿。地浸采铀对铀矿种有特殊要求，以砂、岩矿为好。

然后进行铀提取。铀提取是将铀矿石加工成含铀75%～80%的化学浓缩物（重铀酸钠或重铀酸铵，俗称黄饼）。这是核工业的重要环节，一般要经过配矿、破碎、熔烧、磨矿、浸出、纯化等工序。

针对不同矿石，采用酸法浸出或碱法浸出，这两种方法又各自分为不同的工艺流程。

铀浸出后，不仅铀含量低，而且杂质种类多、含量高，必须去除才能达到核纯要求。这一过程就是纯化。纯化的方法有四种：溶剂萃取法、离子交换法、离子交换与溶剂萃取联合法、沉淀法。

核能的优点

154

核电站之所以发展得这么快，是因为它有许多优点。

第一，它是有效的替代能源。核燃料的体积小而能量大，核能比化学能大几百万倍。1千克铀－235释放的能量相当于2700吨标准煤释放的能量。一座100万千瓦的大型烧煤电站，每年需要原煤300万～400万吨，运这些煤需要2760列火车，相当于每天8列火车，还要运走4000万吨灰渣，而同功率的压水堆核电站，一年仅耗含铀－235量为3％的低浓缩铀燃料28吨，比烧煤电站节省大量人力物力。另外煤炭、石油、天然气等石化燃料，也都是宝贵的化学工业原料，可以用来制造各种合成纤维、合成橡胶、塑料、染料、药品等，因此，将它们烧掉十分可惜。用核燃料做替代能源，可节约常规能源，并用在其他工业上。而铀对人类有益的用途只有一个，就是作为核反应堆的燃料。所以多用核燃料做替代能源是符合

"物尽其用"的原则的。

第二，对环境污染小。目前的环境污染问题大部分是由使用化石燃料引起的。化石燃料燃烧会放出大量的烟尘、二氧化碳、二氧化硫、氮氧化物等。由二氧化碳等有害气体造成的"温室效应"，将使地球气温升高，会造成气候异常，加速土地沙漠化过程，给社会经济的可持续发展带来灾难性的影响。核电站就不排放这些有害物质，不会造成"温室效应"。核电站设置了层层屏障，把"脏"东西都藏在"肚子"里，基本上不排放污染环境的物质，就是放射性污染也比烧煤电站小得多。据统计，核电站正常运行的时候，一年给居民带来的放射性影响，还不到一次×光透视所受的剂量。

第三，经济合算，发电成本低。世界上有核电国家的多年统计资料表明，虽然核电站的基本建设投资高于燃煤电厂，一般是同等火电厂的一倍半到两倍，不过，它所用的核燃料的费用要比煤便宜得多，运行维修费用也比火电厂少，因此综合看来，核电站的发电成本比火电厂发电要低一些，目前，低20%～50%。

第四，核能是可持续发展的能源。世界上已探明的铀储量约500万吨，钍储量约275万吨。这些裂变燃料足够人类使用到聚变能时代。聚变燃料主要是氘和锂，海水中氘的含量约有0.034克／升，据估计地球上总的水量约为138亿亿立方米，其中氘的储量约40万亿吨；地球上的锂储量有2000多亿吨，锂可用来制造氚，足够人类在聚变能时代使用。按目前世界能源消费的水平，地球上可供原子核聚变的氘和氚，能供人类使用上千亿年。因此，有些能源专家认为，只要解决了核聚变技术，人类就将从根本上解决能源问题。

第八章　氢和锂

中国有一句成语，叫"水火不相容"。意思是水与火是根本对立的。有水就没有火，有火就不可能存在水。殊不知，现代科学告诉我们，可以水中取火，火中生水。

我们知道，水是由氢元素和氧元素组成的。氢和氧的比例为氢2氧1，即 H_2O。氢在氧气中能够燃烧，而且燃烧时火焰的温度可以达到2500℃，能把钢铁熔化了。这岂不是"水中有火"吗？人们还发现，氢气不仅能够燃烧，而且在燃烧过程中还产生水，难道这不是"火中生水"吗？所以，成语"水火不相容"，在现代高科技条件下，可以赋予崭新的含义。

氢在化学元素周期表上，排在第一位，一般情况下是呈气体状态。氢气比空气轻，所以像探测高空气象用的气球，节日里放的彩色气球，大都是充的氢气。氢气在氧气中燃烧时，释放出来的温度可以达到2500℃的高温，因此可用它来切割钢铁或者焊接钢铁。氢燃烧所释放出来的能量，按单位重量来计算，超过任何一种有机燃料，比汽油的能量还要高出3倍，所以是一种新型的高能燃料。

由于氢气在燃烧过程中，只产生水，而没有灰渣和废气，不会污染环境，所以，它又是一种清洁的、无污染的燃料。氢既可以代替煤炭、石油和天然气，用在日常生活中，也可以用在工业上，成为一种新能源。

在地球上，作为一种燃料物质的氢，可以说是取之不尽、用之不竭的。因为大自然中，氢气无所不在，空气中，泥土里，特别在水中。而大自然中的水体又是十分庞大的，仅海洋中的水就有1338立方千米，此外还有江河湖泊中的水。水中大约含有11%的氢，要是把水中的氢都分解出来，作为能源来使用，再加上氢在燃烧过程中还要产生水，这样，氢能源岂不是取之不尽，用之不竭吗？

正是由于氢的"才华"超群，近年来才备受世界各国能源专家的青睐。20世纪50年代，在航空事业上，利用液态氢做超音速和亚音速飞机的燃料，使B-57双引擎轰炸机改装氢发动机，实现了氢能飞机上天。

氢的发现历史

　　人们发现氢已有400多年的历史了。400多年前，瑞士科学家巴拉塞尔斯把铁片放进硫酸中，发现放出许多气泡，可是当时人们并不认识这种气体。1766年，英国化学家卡文迪许对这种气体发生了兴趣，发现它非常轻，只有同体积空气重量的6.9％，并能在空气中燃烧成水。到1783年，法国化学家拉瓦锡经过详尽研究，才正式把这种物质取名为氢。

　　氢气一诞生，它的"才华"就初露锋芒。1780年，法国化学家布拉克把氢气灌入猪的膀胱中，制造了世界上第一个最原始的，冉冉飞上高空的氢气球，这是氢的最初用途。1869年，俄国著名学者门捷列夫根据地球中各种化学元素的性质，整理出化学元素周期表，并将氢元素排在了第一周期的第一个位置。此后，从氢出发，寻找其他元素与氢元素之间的关系，为众多元素的发现打下了基础，人们对氢的研究和利用也就更科学化了。

　　1977年11月19日上午，印度南部的安得拉邦马德拉斯海港水域的上空，刮过一阵凶猛的大风。大风过后，数千米的海面上，突然燃起了通天大火。大火引起的原因，是由于那阵以每小时200千米疾驰的大风与海水发生猛烈摩擦，产生了很高的热量，将水中的氢原子和氧原子分离，并通过大风里电荷的作用，使氢离子发生爆炸，从而形成了"火海"。据科学家估算，这场"火海"所释放出的能量，相当于200颗氢弹爆炸时所产生的全部能量。这说明，氢气不仅可以燃烧，而且燃烧时产生的热量很高。

　　科学家们在研究氢的特性时发现，在常温常压条件下，氢是一种最轻的气体。只要存在充足的氧，它就可以很快地完全燃烧，产生的热量比同等质量汽油高3倍。氢无色、无臭、无味、无毒，燃烧后生成水和微量的氮化氢，对环境无害，在达到$-252.7℃$的低温条件下，氢变为液体；如再加上高压，氢还可以变成金属状态。氢气和液态氢、金属氢都可以很方便地储存和运输。它们既可以用来发电或转换成气体形式的能源，也可以直接燃烧做功。

　　氢是元素周期表中的第一号元素，也是原子结构最简单的元素。美国化学家尤里在1932年发现氢的一种同位素，它被命名为"氘"。氘的原子核中由一个质子和一个中子构成。1934年，卢瑟福预言氢存在着另一种同位素"三重氢"。同年，他与其他物理学家在静电加速器上用氘核轰击固态氘靶，发现了轻元素的聚变现象，并制得了"氚"。

自然界里的氢

　　在化学元素周期表上，氢排在第一位。氢是最轻的化学元素，它在普通状况下是气体，密度只有空气的7%，无色、无味、无臭，看不见，摸不着。

　　氢气比空气轻，气球里充进氢气，它就会飞升空中，像探测高空气象用的气球，节日里放的彩色气球，大都充的是氢气。充氢的气球和飞艇首次使人实现飞离地面的夙愿，在人类航空史上写下了光辉的一页。

　　在大自然中，氢的分布很广泛。水就是氢的"大仓库"，有人用"取之不尽，用之不竭"来形容它，这是不无道理的。在常温常压下，氢以气态存在于大气中，但它的主体是以化合物——水的形式存在于地球上。水的分子式是：H_2O，氢约占水的11%。地球内外到处是水，雨水、江河湖泊中的水，还有浩瀚的大西洋、北冰洋、太平洋和印度洋中的海水，雪水，冰水，露水，霜水，地下水，空气中的水，生物体内的水，到处都是水。所以形容氢能是取之不尽，用之不竭，是有道理和恰当的。

我们知道，地球表面上有71％的面积被水覆盖，从水中含有11％的氢的数据，就可计算出氢在地球表面水体中的含量了。海洋里共含有15亿亿吨氢。此外，在泥土里大约有1.5％的氢。石油、煤炭、天然气、动物和植物等也含有氢，它们都是碳氢化合物。而且人们还发现，氢气在燃烧过程中又能够生成水，这样循环下去，氢能的资源可以说是无穷无尽的。同时，这也完全符合大自然的循环规律，不会破坏"生态平衡"。

1983年，美国《油气》杂志曾报道：在美国堪萨斯州东北部的福雷斯特盆地，密西西比河下游的金德胡克，发现了稀有的天然形成的氢气和氮气。据估计，该气田拥有的氢气地质储量为1.36万亿立方英尺（1立方英尺＝0.0283168立方厘米），并且含有大量的氮气。

该处共钻井5口，有两口井相距20英里（1英里＝1.609千米）。经过对两口相距6英里井中的气样分析表明，内含40％的氢，60％的氮。气样中仅含痕量的二氧化碳、氩和甲烷，不含氦气。

据大面积的测井资料估计，这些气体不像是大气成因的，而是原生的，这个罕见的气田是比林斯公司介绍的。该公司的创办人和董事长拥有关于氢气生产储存和车用的专利23项，他还发明了一种以氧化物形式储存氢气的方法。

据信，这种天然气的氢气藏田，除了在日本岸外的太平洋海域发现外，其余地方未曾发现。所以美国的这一发现被视为稀有氢－氮气田。

氢的用途广泛

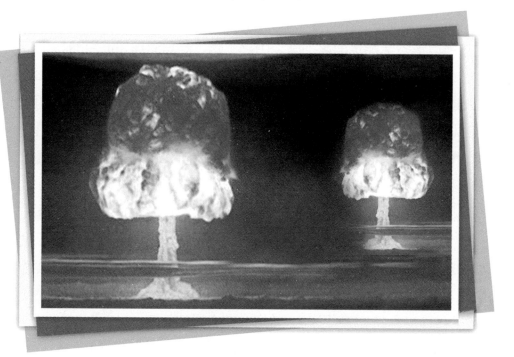

　　据统计，截至1976年以前，全世界每年生产4000亿立方米氢气，其中88％用在非能源方面，10％用来合成甲烷，仅有2％和天然气混合作为燃料，化学工业部门耗氢最高，仅生产制造化肥的主要原料氨一项的耗氢量就达2000亿立方米。提炼石油用掉1000亿立方米，余下的1000亿立方米消耗在气象探测氢气球充气、人造黄油等方面。

　　氢是生产氨、乙炔、甲烷、甲醇等的原料；氢又可以代替焦炭做制取钨、钼、钴、铁等金属粉末的还原剂；在用氢氧焰切割钢铁等金属时，也要使用氢气，因为氢气在氧气里能够燃烧，氢气火焰的温度可以达到2500℃。

　　德国"兴登堡"号飞艇，在美国新泽西州上空烧成一团火球的往事，至今人们记忆犹新。这一事件早已告诉我们，氢是一种高热值的燃料。氢的发热本领是最大的，哪一种化学燃料都比不上它。燃烧1千克氢能放出14.2万千焦的热量，相当于甲醇的2倍，汽油的3倍，焦炭的4.5倍。

氢气在一定的压力和低温下，很容易变成液体。这种液体氢既可以用做飞机的燃料，也可以用做导弹、火箭的燃料。美国利用液氢做超音速和亚音速飞机的燃料，使B-57双引擎轰炸机改装了氢发动机，实现了氢能飞机上天。宇宙飞船也是以氢为燃料，这一切都显示出氢燃料的丰功伟绩。

更新颖的氢能应用，是氢燃料电池。这是利用氢和氧（或空气）直接经过电化学反应而产生电能的装置，也可以说是水电解槽产生氢和氧的逆反应。20世纪70年代以来，日、美等国加紧研究各种燃料电池，现已进入商业性开发阶段。日本已建立万千瓦级燃料电池发电站，美国有30多家厂商在开发燃料电池，德、英、法、荷、丹、意和奥地利等国也有20多家公司投入了燃料电池的研究，这种新型的发电方式已引起全世界的关注。

目前，世界各国研究氢能的机构正致力于研究廉价制取和储存氢气的技术，以期在2020年普及用氢发电的技术。专家们预测，到2025年，用氢发电的能力将达到世界总电力的20%。另外，氢和氧还可直接改变常规火力发电机组的运行状况，提高电站的发电能力，例如氢氧燃烧组成磁流体发电，还可以利用液氢冷却发电装置，从而提高机组功率。

氢能进入百姓家

随着制氢技术的发展，以及化石能源的越来越少，氢能利用很快将进入寻常百姓家庭。首先是发达的大城市，它可以像输送城市煤气一样，用氢气管道送往千家万户。目前，有些国家已经建成了这种输氢管道。德国在爱逊地区建了一条长300千米的送氢管道，美国也有几条长度相近的管道。

氢的物理特性同煤气还是有区别的，所以远距离地下送氢管道质量要求高，投资也多，中途加压站数量也比较多，压力机的功率和压力也高。压力机的电动机要装防护铁甲，防止火灾和引起事故。这些比较都是按输送等量的煤气和氢而言，即使这样，也比电的输送便宜得多。

每个用户可采用金属氢化物储罐将氢气储存，然后分别接通厨房灶具、浴室、氢气冰箱、空调机等，并且在车库内与汽车充气设备连接。人们的生活靠一条氢能管道代替煤气、暖气甚至电力管线，连汽车的加油站也省掉了。这样清洁方便的氢能系统，将给人们创造舒适的生活环境，减轻许多繁杂事务。

科学家的设想，在不久的将来会建造一些为电解水制取氢气的专用核电站，比如建一些人造海岛，把核电站建在人造海岛上，电解用水和冷却用水举手可取，又远离居民区，既经济又安全。制取的氢和氧，用铺设在水下的送气管道输往陆地，再用储存天然气的方法，在陆地挖一些专用的地下储气库，把氢气存在里面，使用时只要通过类似煤气管道那样的管道送达用户地点即可，而且其管理也很方便。

科学家们认为，未来的氢能将是最有前途的洁净能源。只要先经过太阳能发电，发出的电能便可以通过电解水得到氢，再将氢进行液化，以后就可以运输到使用地点，这就是所谓的太阳—氢方案。目前，美国已在本国的新墨西哥州，德国在撒哈拉地区和沙特阿拉伯地区，日本在公海海面筹划实施该项方案。

利用太阳能制氢，是以太阳能为一次能源，然后从中取得氢。由于氢无污染，使用过程中放出能量后本身又变成水，所以是一种取之不尽、用之不竭，产生良性循的理想能源。现在世界上的有识之士，都一致认为，人类应该大力开发氢能源，因为这是一种前途无量，资源丰富，又很洁净，热量又很高的能源。

氢的美好前程

　　氢能作为一种燃料，必将逐渐弥补矿物燃料的逐步枯竭。根据世界各国目前使用氢能的统计，氢已达到全部能源供应的5％。如果利用太阳能或核反应堆废热裂解水制造氢得到广泛使用，有可能使氢和核能向多功能方向发展，这种设想使氢—电力系统的构成成为图中所示的关系。

　　氢除了用做能源外，将来还可以用氢来合成食品。某些微生物可利用氢的自由能将二氧化碳有效地转换成蛋白质、维生素、糖。其能量转换率高达50％。

　　不久的将来，家里照明用的灯是特制的，当灯里的磷化物与氢发生反应时，它就发出光来。

　　烧饭用的气灶，以氢与煤气的混合物为燃料。安置在屋内的氢—空气燃料电池，提供必不可少的电力，用来向电话机、收音机、电视机等供电。房间采暖的方式也很奇特。散热板是一种特制的多孔的板，饱饱地吸满了催化剂。当氢气从板上流过，受催化剂的作用而被氧化时，就把板加热了，后者就成了室内采暖的热源。

为什么氢显得比电能还好呢？这是从经济学方面考虑的。因为用户使用氢能比使用电能更划算。我们知道，远距离输送电时，电能损耗达20％，当距离超过500～600千米时，用管道输送氢气的费用只相当于高压线路送电费用的1/10。

随着科学技术的发展，对氢的研究也在不断深入。氢在通常情况下是一种气体；在低温下可以成为液体；在温度降到-259℃时，即成为固体；而在极高压力下可成为金属。虽然这种金属氢目前在地球上还是不存在的一种物质，但从理论上，人工制造金属氢是可能的。这已成为一项专门的科学技术课题了，如果金属氢能够理想地实现，则将为寻找新能源和室温超导材料，开辟了宽广的前景。

金属氢作为新式能源来说，意义重大。它的应用可以使聚变能转换成电能，供应大量价廉而无污染的电力。因为火箭现在用液氢为燃料，所以必须把火箭制造得像个很大的热水瓶似的，以便确保液氢所需的低温，如果用了金属氢，火箭就可以制造得更小一些，因为金属氢的容积只有液氢的1/7。金属氢如果用做超音速飞机的燃料，可以增大有效运输量，增大时速甚至超过音速的许多倍，增加续航时间和航程。

金属氢内所贮藏的能量极高，比TNT炸药大30～40倍。金属氢在聚变中可放出巨大的能量，比重核分裂反应时放出的"能量"要多好几倍，是制造氢弹的最好原料。

锂是一种能源

锂发现于1817年，但应用却很晚，直到20世纪50年代前后才少量用于玻璃、陶瓷及合金的制造中。20世纪50年代，由于发现生产热核武器需用锂的轻同位素锂-6，美国就开始大量购买和储备锂，从而促进了锂工业的发展。到了1960年，由于美国锂储备超出计划5倍，不再继续购买锂，锂工业也随之萧条下来了。到20世纪70年代早期，锂工业又开始恢复生气，因为人们发现，把碳酸锂加到铝电解槽系列中，可以节电10%，增产铝10%，并能使对环境有害的氟的挥发量减少25%～50%。从那时起，锂在铝工业中的用量不断增加，从20世纪70年代后半期起，铝工业已成为锂的最主要用途。

锂还有两个可贵的用途：第一是用于大规模储存电能的高能质比电池和再生电池，这种电池有可能成为航空器的动力来源；第二是用于受控热核聚变发电站，熔融的锂将作为一种冷却液用于裂变反应堆堆芯和聚变反应堆堆芯；还作为氚的一个来源，后者是重要的聚变元素之一。这两种用途已经研究成功，已于20世纪90年代投入商业性生产，而用于受控热核聚变反应堆则要到2010年左右才能实现。

锂在各种用途中的独特性质如下：

比重0.634，是最轻的金属，也是常温常压下能呈固态存在的最轻的元素。它既能形成离子键，又能形成共价键，资源能用于聚乙烯的合成、合成橡胶及合金中。

电化势高，这是锂在电池中做阴极和电解质组分的基本素质。

熔融态锂密度低、沸点高、比热高、热传导系数高，这是其在反应堆中用做冷却液的素质。其熔点是180.54℃，沸点为1.347℃。

用中子照射锂得到氚和氦。锂－6反应放热，而锂－7反应吸热并辐射出一个慢中子；氚核和氘核化合生成高温等离子体；由于氚是一种半衰期只有12.3年的不稳定同位素，因此要用锂来使氚继续增殖。

锂同位素分离有多种方法，如化学交换法，离子交换法、电迁移法、热扩散法等，具有实际生产意义的目前只有化学交换法。

氘与锂－6经过化合工序，制成氘化锂－6，作为热核武器的装料。

地质科学工作者发现，世界锂的矿山储量估计为240万吨，海水中的锂含量丰富，每吨海水中含有0.17克锂。中国西藏的不少盐湖中，蕴藏着丰富的锂资源，据初步估算，其潜在储量居世界前列。人们十分重视锂的开发和利用，让这“姗姗来迟”的“金属新贵”，发挥出自身的热量。

锂是核聚变能材料

170

核聚变能是一种既无污染，又高能的能源。"聚变能"也就是受控热核反应。

核聚变能是未来最理想的新能源，是当代能源研究中的重大科研课题。估计通过10～20年，这项研究即可走出实验室达到应用阶段，它将为人类提供电力。

聚变能的原材料是锂。天然锂中含有两个同位素，一为锂-6，另一为锂-7，它们都容易被能量大的中子轰击而产生"裂变"，同时产生另一物质氚。氘化锂-6及氚化锂-6就是产生氚—氚热核聚变反应的固体原料。这种热核反应以瞬间爆炸出现，释放出巨大的能量，这就是大家所熟知的氢弹爆炸。氘化锂-6就是氢弹爆炸的炸药。1千克氘化锂的爆炸力相当于5万吨TNT。

这种热核聚变的巨大能量能否加以人工控制释放出来为人类造福呢？近20年来，世界各国科学家深入研究，已取得初步成果，受控热核反应堆的出现，就是一例。这种反应堆是以氘和锂作为燃料，将金属锂或锂的化合物放在聚变反应堆芯的周围，由堆芯聚变反应产生强中子流，撞击锂－7原子，产生一个氚、氦－4和中子，这个中子再与锂－6进行核反应，产生一个氚和氦－4，并放出巨大的能量，经热交换产生电力，而氚重新注入堆芯。就这样，循环往复，产生巨大的电流。而在此反应过程中放出的惰性气体氦，对环境又没有污染。

有关研究资料表明，1千克锂所具有的能量，大约相当于4000吨原煤的热量，每年生产70亿千瓦·时电仅需消耗1.6吨重水(322千克)氘和8.5吨天然锂(676千克锂－6)。由于燃料消耗少，所以聚变反应堆发电的燃料费用还不到总成本的10%。它的能量比铀－235裂变产生的能量还要大几倍。这是一种比利用重原子核产生的核能更为优越的新能源。

从目前研究进展情况看，主要是实现热核聚变的条件较困难，它要求把1亿度高温的等离子体约束在1秒钟左右，那样热核反应就可以开始并自行维持下去。如何能在人工控制下，约束这漫长的一秒钟呢？世界各国加紧这一课题的研究。

锂在自然界中分布很分散，富集而具有工业价值的矿石并不多。当前主要从花岗伟晶岩中的锂辉石、锂云母和盐湖卤水中提取。另外黏土矿物蒙脱石含锂达0.3%～0.5%，但选矿工艺尚未过关。在海洋里估计共有2600亿吨锂。若每年从海水中提取10万吨锂，其成本不过2万美元1吨。

第九章　江河的能量

利用水能发电在 20 世纪才真正得到了广泛的应用。最初的水电站规模都很小。例如，1936 年美国在科罗拉多河上建成的胡佛水电站，坝高 221 米，装机容量才 135 万千瓦，然而它却是当时世界上最大的水电站。

20 世纪 50 年代以来，世界各国纷纷开发水力资源，一个建设水电站的高潮在全球兴起。到 1981 年，全世界水电总量已超过了 1.7 万亿千瓦·时，比 1950 年高潮时期的发电量增长了近 4 倍；1983 年全世界的发电总量为 87 230 亿千瓦·时，其中水电占了 1/5 强。目前，全世界水电装机总容量约 4 亿千瓦，仅占可利用资源的 18%。

水力是理想的能源，它有 6 大优点：水力是可以再生的能源，能年复一年地循环使用。水电用的是不花钱的燃料，发电成本低，积累多，投资回收快，大中型水电站一般 3～5 年就可收回全部投资。水电没有污染，是一种干净的能源。水电站一般都有防洪、灌溉、航运、养殖、美化环境、旅游等综合经济效益。水电投资跟火电投资差不多，施工工期也并不长，属于短期近利工程。操作、管理人员少，一般不到火电的 1/3 人员就足够了。

水力发电是利用水体不同部位的势能之差，它跟落差和流量的乘积成正比，即落差越大，河流的流量越大，水能就越大。目前水力发电的发电量占世界能源的 7%，据专家估计，到 21 世纪 20 年代将会有较大的发展。

中国地势西高东低，许多河流的落差很大，蕴藏着丰富的水能。经过初步勘查，长江流域可开发装机容量达 2.27 万万千瓦，年电量 1.1 万亿千瓦·时，占全国总电量的 50% 以上；黄河流域可开发装机容量 3400 万千瓦，年电量 1276 亿千瓦·时，其中上游流域约占 3/4；雅鲁藏布江可开发装机容量 5620 万千瓦，年电量 3340 亿千瓦·时，特别是在大拐弯处，可有 9 级开发；珠江可开发装机容量 2842 万千瓦，年电量 1215 亿千瓦·时，澜沧江流域可开发装机容量 2788 万千瓦，年电量 1406 千瓦·时；黑龙江干流是中俄边界河流，经联合规划，装机容量和年电量各计一半，为 410 万千瓦和 135 亿千瓦·时。其他还有许多河流均可发电，不再列举。

水能资源

　　据估计，地球上的水总量大约有13.8亿立方千米。绝大部分分布在海洋之中，少部分分布在陆地上，而陆地上的水，有一部分分布在江河湖泊中，另一部分分布在地下岩层中。

　　自然界里的水总是处在变化之中的，海洋和陆地上的水蒸发到大气中，再形成雨或雪落回大地，滋养万物，补充河流、湖泊或注入大海，同时水还会渗入地下，汇入地下蓄水层。

　　水在地球上的流动和分配有三种方式：一是随大气流动而流动；二是随海水的洋流而流动；三是随陆地河流而流动。自然界水的运动，维持着地球的水平衡。海洋蒸发的水分有一部分经大气流动输送到陆地，并形成降水，经河流又回到大海，被称为大循环和外循环。还有一种是水的小循环，即海洋或陆地上的水分蒸发后，水蒸气凝结成云，又变成雨，落到海洋和陆地上来。

地球上成千上万条川流不息的江河，为人类提供了丰富的水力资源。人类很早就利用江水冲动水轮机打谷、碾米。然而，直到1878年法国建立了世界上第一个水电站后，才为水能的充分利用开辟了广阔的前景。20世纪是水力发电迅速发展的阶段。目前，水力是仅次于石油、天然气、煤炭的主要能源。根据联合国发表的资料表明，水力发电在全世界发电量中占23%。

一般把江河中的水流所蕴藏着的巨大能量称为水能，或叫水力资源。构成江河水能的基本要素主要有两个，即流量和落差。

流量，指单位时间内的水流流过某一过水断面的水量。它的单位为立方米／秒。一般说来，过水断面大，流速快，流量也大；过水断面小，流速慢，流量也小。如果用公式来表示流量的大小时，则为：

流量＝过水断面的面积×水流速度

落差，河流某一段两端的高程差，就叫这一段河流的落差。而河源到河口的高程差，叫这条河流的总落差。河流的流量大，落差又大，则蕴藏的水能资源就越丰富。

全世界水能资源蕴藏量极其丰富，估计在50亿千瓦以上。经济可用的水能资源每年可发电44.3万亿千瓦·时。如能全部开发，可满足当前世界能源总需要量的1/7。据统计，目前世界各国已建水电站装机容量为4亿千瓦，年发电量4亿千瓦·时，开发利用程度为17%左右。

世界水能分布

地球上的水能资源，根据世界能源会议统计资料，总的理论蕴藏量约34.69万亿千瓦·时／年，可开发水能资源为13.97万亿千瓦·时以上。所以，可以说全世界的水能资源既是丰富的，又是有限的。

世界水能资源的地理分布是不均匀的。一般来说，在降水丰富、地形崎岖的地区，水能资源蕴藏量较大；而降水较少，地势平坦的地区，水能资源则比较少。

根据降水量的多少，世界上水能资源比较丰富的地区，主要分布在三个地带：

亚洲、非洲和拉丁美洲的赤道地带。这些地区地处低纬度，在赤道低气压带的控制下，终年多雨，一般年降水量在2000毫米以上，河网密布，水量丰沛，水能资源都比较丰富。但是，这里主要是发展中国家，水

能资源开发利用程度很低。

东亚和南亚的山麓迎风地带。这里是典型的热带季风、亚热带季风和温带季风气候区，降水量比较丰富，也构成较多的水能资源。这一带包括中国的南部和西南部、印度的东北部、中南半岛、日本、朝鲜等国家和地区，除日本外，水能开发利用率也比较低。

中纬度的大陆西岸地带。这些地区地处西风带，受海洋和西风气流的影响，降水较多，且季节分配均匀，许多河流蕴藏着丰富的水能资源。例如，北美洲的太平洋沿岸，西欧、北欧和南欧面向西风的迎风地带，不仅水能资源丰富，而且开发利用率比较高，是目前世界水电站的重要分布地区之一。

世界各大洲的水能资源也是不平衡的。按目前可能开发的资源估算，以亚洲最多，约占世界的36％；其次是非洲、拉丁美洲和北美洲，以大洋洲最少，仅占世界的2％。按人口平均每人占有的水能资源，则以大洋洲最多，欧洲最少。

从国家来看，中国、俄罗斯、美国、加拿大、巴西和扎伊尔，合计约占世界水能资源的半数以上。其中，中国是世界上水能资源最多的国家。

可开发的水能资源

　　水能资源作为水力学的一个概念，分为理论水能蕴藏量、技术可开发水能资源和经济可开发水能资源三种级别。理论水能蕴藏量是指河川的全部天然流量、全部落差和水能利用效率100％的水能蕴藏量。

　　根据1992年《能源资源调查》中统计的数据结果，世界理论水能蕴藏量为34.69万亿千瓦·时／年，可开发水能资源为13.97万亿千瓦·时／年。

　　世界各大洲的水能资源统计表明，中国、俄罗斯、巴西的水力开发技术可开发的水电年发电量都在1万亿千瓦·时以上。排在第四至第十位的国家依次为加拿大、印度、扎伊尔、美国、哥伦比亚、秘鲁和印度尼西亚。他们的水力开发技术可开发水电年发电量都在4000亿千瓦·时以上。

　　按可开发水能资源的多少排列，中国的长江流域水能资源最多，其流域面积为180万平方千米，占全国总面积的19%，由于降水量较大，年径流量达9560亿立方米，占全国水流量的35%，长江干支流落差很大，全流域可开发装机容量达2.27万万千瓦，年发电量1.1万亿千瓦·时，占全国总电量的50%以上。长江流域一些支流的水能资源比较多，如岷江流域和雅砻江流域的可开发水能资源甚至与黄河流域不相上下。

其次是南美洲的亚马逊河流域，可开发水电装机容量1.8万万千瓦，年发电量1.02万亿千瓦·时；第三位是非洲的刚果河流域，可开发水电装机容量1.56万万千瓦，年发电量7200亿千瓦·时；第四位是南美洲的巴拉那河流域；第五位是中国西藏的雅鲁藏布江及其下游印度、孟加拉国的布拉马普特拉河流域；第六位是俄罗斯的叶尼塞河流域；第七位是恒河流域；第八位是澜沧江—湄公河流域；第九位是勒拿河流域；第十位是哥伦比亚河流域。

上述10大河流域，亚洲的有6个，南美洲的有2个，北美洲和非洲的各1个。至今开发最多的是巴拉那河流域，已开发水电装机容量5140万千瓦，年发电量2264亿千瓦·时。开发利用率最高的是哥伦比亚河可以看出，世界上水能资源的地理分布是不均匀的。一般来说，在降水丰富、地形崎岖的地区，水能资源蕴藏量较大；而降水较少、地势平坦的地区，水能资源则比较贫乏。

水能资源开发现状

　　人类利用水能的历史悠久，但早期仅将水能转化为机械能，直到高压输电技术发展、水力交流发电机发明后，水能才被大规模开发利用。目前水力发电几乎为水能利用的唯一方式，故通常把水电作为水能的代名词。

　　构成水能资源的最基本条件是水流和落差（水从高处降落到低处时的水位差），流量大，落差大，所包含的能量就大，即蕴藏的水能资源大。1983年，全世界的发电总量为8.723万亿千瓦·时，其中水电占1/5强。目前，全世界水电装机总容量约4亿多千瓦，仅占可利用资源的18%。发达国家水能资源利用比较充分，虽然他们只拥有可开发水能资源的38%，可开发利用程度很高，如瑞士为99%，法国为

93％，意大利为83％，德国为76％，日本为67％，美国为44％。发展中国家虽然占有水能资源65％，但目前只开发利用4％。例如非洲的扎伊尔水能蕴藏量达1亿千瓦，但水能利用率尚不到1％。

目前，全世界已有30多个国家的水电站占全国所需电力的2/3以上，其中瑞士、瑞典、挪威、意大利、加纳和赞比亚等国，都占80％以上。

世界各国水能资源的开发利用程度，在不同的时期有不同的特点，至今各国也有明显的差异。

从全世界来看，近30年水电装机容量由约7120万千瓦增加到4.6万千瓦，平均每年增加约1296万千瓦。据估计，世界水能资源的开发利用程度，到2010年将为45％，2020年可达85％左右，届时水电装机容量将达到18.5亿千瓦，但第三世界国家的开发程度仍可能只有41.6％。

水电开发的特点

182

　　人们开发河流的水能，主要用于发电，称为水电。水能发电是通过水轮机把水流的位能转化为机械能，再带动发电机输出电能。

　　由于水循环的不断进行，虽然水的数量在一定空间范围内是有限的，但是水能却是能够再生的能源。

　　从对能源的有效利用率来说，水电站对水能的有效利用率远比以煤炭为燃料的火力发电站的有效利用率高得多。一般火力发电站煤炭的有效利用率只有30％左右，而水电站对水能的有效利用率，小型水电站可以达到60％～70％，大中型水电站则可高达80％～90％。

　　水力发电的生产成本低廉。水力发电利用天然河流中的水能，不消耗水量，无需购买、运输和储存燃料，同时省去除尘、除硫等设备的费用，所以水电的生产成本比火电低得多。

水电站建成投产以后，一般发电成本较低，积累较多，收益较大。例如中国在20世纪70年代末期，每千千瓦·时水电的销售成本相当于煤电成本的35％，而每千千瓦·时水电的发电成本仅相当于煤电成本的23％，所以，平均水电成本仅相当于煤电的1/3。但与规模相同的火电站相比，在积累和收益方面，水电站相当于火电站两倍以上。

水电站的水库可以综合利用。除发电供给能源以外，水库还有防洪、农业灌溉、航运、供水、养殖水产、改善环境、发展旅游等综合利用功能。合理分摊投资，可进一步降低水电的成本。

水电站和抽水蓄能电站的动态效益较大。水轮发电机组起停灵活，增减出力快，出力可变幅度大，水库中或多或少的蓄能，是水、火、核联合供电系统中理想的调峰、调频、调相和备用电源。

水力发电受流量变化的影响，常与用电需要不相适应。因此，水电站通常需建水库，以调节径流，改善发电性能。在电力系统中，水电常与火电、核电配合供电，以适应使用需要。

在地质、地貌、水文等自然条件和技术经济条件适宜的地区，河流的水能还能实现梯级开发。例如黄河上游、伏尔加河、密西西比支流田纳西河等，都兴建了一系列水电站。

水能还是一种洁净的能源。现代化的水电站，环境比较洁净，没有污染，机械化和自动化的水平较高，便于管理。

当然，开发水能，建设水电站，必须修建水库，筑坝拦水，大多要淹没农田和迁移居民。同时水电站布局上比煤电站较多地受到地形、地质、水文等自然条件的制约。

高峡出平湖

　　1994年12月14日10时40分，中国政府宣告：长江三峡工程正式开工。"这是中国继万里长城之后最伟大的一项工程"（国外报道语）。三峡工程的土石方开挖量、混凝土浇筑量、金属结构安装量、水电站装机容量、永久船闸工作水头和边坡开挖高度等等，都是世界之最。1994年6月，在巴塞罗那举行的"全球超级工程会议"上，三峡工程当之无愧地入选，外电报道，"三峡工程的出现，为会议陡增光彩"，"三峡工程属于全人类"。

　　三峡工程电站将是世界最大的水电站，目前正在施工。到2009年全部竣工投产的长江三峡水利水电工程，具有防洪、发电、航运、环保等巨大综合利用效益。三峡电站将安装26台单机容量68万千瓦的水轮发电机组，总装机容量1820万千瓦，平均每年发电846亿千瓦·时。

　　它相当于6个半葛洲坝水电站或10个大亚湾核电站。如果用火力发电厂来代替,相当于7个240万千瓦的火力发电厂,以及开发一个年产4000万~5000万吨的煤矿,建火电厂还需要解决煤炭运输和环境污染的问题。兴建三峡工程,向华中、华东和川东电网送电,对改善中国能源结构与布局有重要意义。

三峡工程从1997年实现大江截流,2003年首批机组发电,2009年工程全部竣工后,巨大的电能将为国家增加年工农业产值2000亿元,全国平均每人可获得近200元的产值,这些电能每年可节约煤炭5000万吨,而且是取之不尽,用之不竭的。同时还解决了南水北调、中下游城镇供水、农业灌溉、水产养殖等水资源问题。

三峡水库建成后,水位提高数十米至100米,可以明显提高长江的航运效益。高峡出平湖,回水可达西南重镇重庆,改善650千米川江航道。原来长江自宜昌至重庆600多千米的川江航道坡度陡,水流急,沿程有主要碍航滩险139处,单行控制段46处,拖载效率低,运输成本高。三峡工程建成后,由于三峡水库的调节作用,在枯水季节,航道内平均水深增加0.5~0.7米,可保持3.5米以上水深,使万吨级船队由上海经武汉可直达重庆,年单向通过能力由现在的1000万吨提高到5000万吨,为重庆、四川,甚至大西南提供了一条便捷的山海通道。运输成本可降低35%~37%。

三峡建库后,整个峡区水位升高100米左右,对三峡景观有一定的影响。但三峡大部分景观,如"夔门天下雄"、巫山12峰,最享盛名的神女峰,也因高居海拔900多米以上,所以依然是"高峡出平湖","神女应无恙"。相反,由于三峡工程的兴建,高峡平湖,碧波荡漾的景色,更让人心旷神怡。

图书在版编目（ＣＩＰ）数据

能源世界／李方正主编．—长春：吉林出版集团股份有限公司，２００９．３
（全新知识大搜索）
ISBN 978-7-80762-599-5

Ⅰ．能…　Ⅱ．李…　Ⅲ．能源－青少年读物　Ⅳ．TK01-49

中国版本图书馆ＣＩＰ数据核字（２００９）第０２７８７６号

主　　编：李方正
副主编：李智明　王艳华
参　　编：葛菲　杨晓瑞

能源世界

策　　划：曹恒　　责任编辑：息旺　付乐
装帧设计：艾冰　　责任校对：孙乐
出版发行：吉林出版集团股份有限公司
印刷：河北锐文印刷有限公司
版次：2009年4月第1版　　印次：2018年5月第13次印刷
开本：787mm × 1092mm 1/16　印张：12　字数：120千
书号：ISBN 978-7-80762-599-5　定价：32.50元
社址：长春市人民大街4646号　　邮编：130021
电话：0431-85618717　　传真：0431-85618721
电子邮箱：tuzi8818@126.com